U0226996

中国复合高温干旱事件演变特征与风险评估

郝增超　著

科学出版社

北京

内 容 简 介

干旱和高温均为影响巨大的自然灾害。复合高温干旱事件是指同时发生的干旱和高温事件，其可能导致比单一干旱或高温更严重的灾害。近些年来，复合高温干旱事件对全球多地的水资源供给、农业生产、生态系统和能源供应等造成了巨大损失。伴随全球气候变暖，复合高温干旱事件可能变得更加频繁，严重威胁着我国水安全、粮食安全、生态安全和能源安全。本书聚焦该国际学术研究前沿和国家需求，以中国复合高温干旱事件为研究对象，分析了其时空分布特征，识别了其频率、持续时间等历史演变规律，评价了气候模式对事件分布及变化的模拟效果，量化了人为气候变化对该事件发生概率的影响，预估了该事件未来不同时期的变化，并分析了不同来源的不确定性贡献，最后评估了该事件的风险分布及未来变化。

本书可供气候变化及水文气象领域的科研人员和高校师生参考。

审图号：GS 京（2024）2337 号

图书在版编目（CIP）数据

中国复合高温干旱事件演变特征与风险评估／郝增超著 . -- 北京：科学出版社，2024. 11. -- ISBN 978-7-03-079752-0

Ⅰ . P423；P426. 615

中国国家版本馆 CIP 数据核字第 2024NY3630 号

责任编辑：韦　沁　柴良木／责任校对：何艳萍
责任印制：肖　兴／封面设计：无极书装

科学出版社 出版
北京东黄城根北街 16 号
邮政编码：100717
http://www.sciencep.com

北京华宇信诺印刷有限公司印刷
科学出版社发行　各地新华书店经销

*

2024 年 11 月第　一　版　　开本：787×1092　1/16
2025 年 2 月第二次印刷　　印张：10 3/4
字数：260 000

定价：138. 00 元
（如有印装质量问题，我社负责调换）

前　　言

　　干旱事件是一种具有巨大破坏力的自然灾害,对水安全、粮食安全以及能源安全带来严峻挑战。极端高温事件同样是一种具有巨大影响的自然灾害,对农业、能源、生态以及人体健康等方面造成严重威胁。在气候变暖背景下,两种极端事件呈现频发、重发、并发等特征。高温和干旱同时发生的事件一般称为复合高温干旱事件(又称热旱事件、干热事件等),其影响可能比单一极端事件的影响更大,成为近几年来学术界的研究热点。虽然针对两种极端事件的研究相对较多,但是以复合高温干旱事件为对象的研究刚刚兴起。

　　本书作者对干旱及复合高温干旱事件进行了长期的研究。本书以中国为研究区域,重点研究了复合高温干旱事件的分布规律、发生机制、历史变化、模式模拟、归因、未来预估及风险评估,共13章。本书第1章介绍了干旱、高温及复合高温干旱事件的研究背景。第2章简要分析了中国历史干旱和高温基本演变特征,为后文复合高温干旱事件的演变特征分析提供基础。第3章介绍了复合高温干旱事件的定义及特征。第4章介绍了中国复合高温干旱事件的分布。第5章从统计学角度分析了中国复合高温干旱事件与大尺度气候模态的关系。第6章基于不同干旱指数揭示了中国复合高温干旱事件的历史演变特征。第7章基于CMIP6模式评估了中国复合高温干旱事件的模拟效果。第8章对中国复合高温干旱事件进行归因分析。第9章介绍了中国复合高温干旱事件的多变量偏差校正。第10章基于CMIP6模式预估了中国复合高温干旱事件的未来变化。第11章为1.5℃和2℃升温下中国复合高温干旱事件预估。第12章为中国复合高温干旱事件预估的不确定性分析。第13章从风险的角度分析了复合高温干旱事件的致灾因子、产区暴露度以及脆弱性的特征,对中国复合高温干旱事件进行风险评估。

　　本书是基于作者近10年来在复合高温干旱事件方面的研究凝练而成,有助于系统认识复合高温干旱事件的特征、历史变化、归因、预估及风险。本书对于全球气候变化背景下干旱等极端事件的适应和减缓也具有一定参考价值。

　　北京师范大学水科学研究院研究生张宇、孟宇、张义桐、冯思芳参与了本书的研究和整理工作。本书主要研究成果是在国家重点研发计划子课题(2020YFA0608202)、国家“万人计划”青年拔尖人才、中国气象局气候变化专题项目(QBZ202305)的资助下完成,在此衷心表示感谢。

　　限于作者水平,书中难免存在疏漏之处,敬请广大读者批评指正。

作　者

2023 年 8 月

目　　录

第1章 绪 论

1.1 研究背景

1.1.1 干旱

干旱是指一段时间内水分亏缺的现象，常分为气象干旱、农业干旱、水文干旱和社会经济干旱等类型。干旱事件是一种具有巨大破坏力的自然灾害，具有发生频率高、持续时间长、危害范围广的特点，在全球范围内每年造成的损失高达60亿~80亿美元（Wilhite，2000）。不同时空尺度干旱的发生受不同因子的影响，其发生机制复杂，是目前最复杂的极端事件之一。干旱灾害还与其他灾害密切相关，如荒漠化加剧、野火风险升高等，严重威胁生态环境（郝增超等，2020；张翔等，2021）。

近年来，气候变化背景下的干旱频发和水资源匮乏已经成为亟待解决的全球性难题。由于人类活动对气候系统的影响，全球多地干旱事件的发生频率、历时、强度等呈现增加趋势（Dai，2013；Spinoni et al.，2020；Chiang et al.，2021b）。图1.1为1961~2022年全球干旱变化的空间分布图，其中干旱指标采用基于降水的标准化降水指数（standardized precipitation index，SPI）和基于降水-潜在蒸散发的标准化降水蒸散发指数（standardized precipitation evapotranspiration index，SPEI）。从图1.1可以看出基于SPI的干旱演变在一些地区呈现强度增加趋势，而基于SPEI的干旱演变在更多的地区表现出强度增加，尤其是中亚、西亚、欧洲南部、非洲等地干旱增加趋势显著，这与气温升高导致的潜在蒸散发增加有关。该结果说明在气候变化背景下，仅采用降水表征干旱很可能低估干旱风险。此

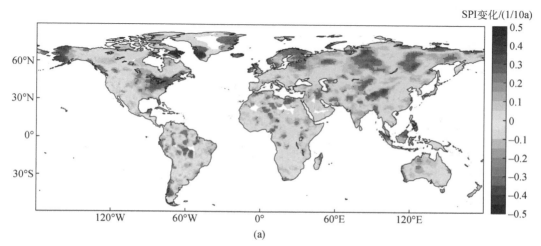

SPI变化/(1/10a)

(a)

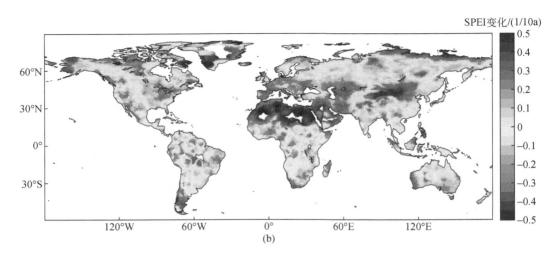

图 1.1　1961~2022 年基于（a）SPI 和（b）SPEI 的全球干旱变化趋势图
数据来源于英国东英吉利大学气候研究中心（Climatic Research Unit, CRU）数据集，打点区域
表示变化趋势通过 0.05 显著性水平检验

外，土地利用变化、水库调度、农业灌溉等人类活动，也会改变区域水循环过程，从而影响干旱的发生和发展过程。

我国气候条件复杂、人口众多、水资源分布不均，是受干旱影响最为严重的国家之一。20 世纪 70 年代以来，我国旱灾问题日趋突出，全国范围内旱灾受灾面积总体呈增大趋势。频发的干旱事件对我国农业、水运交通、水力发电、生态环境等多个部门产生严重影响。根据统计资料，1991~2020 年期间我国农田受旱面积平均每年多达 1998 万 hm²，成灾约 897 万 hm²，粮食减产约 162 亿 kg（吕娟等，2022）。干旱每年造成我国粮食减产严重（从数百万吨到 3000 多万吨），直接经济损失高达 440 亿元/a（中华人民共和国国家统计局，2020），成为制约社会经济可持续发展的重要因素之一。近年来，我国发生了多次严重的干旱事件，如 2006 年川渝地区干旱、2009 年秋季至 2010 年春季西南大旱以及 2022 年夏季长江流域干旱，均对我国的工农业生产以及社会经济发展造成了严重的损失。

1.1.2　高温

高温是指气温持续高于气候平均状况的天气过程。极端高温事件是一种具有广泛影响的气象灾害，对农业、能源、生态以及人体健康等方面会造成严重影响，已成为致人死亡最多的自然灾害之一。研究表明近年来全球气温呈增加趋势，不同地区增温速率有差异（Foster and Rahmstorf，2011；Jones et al.，2013；孙秀宝，2018；沈贝蓓等，2021）。图 1.2 为 1961~2022 年全球气温变化趋势的空间分布，可以看出绝大多数地区气温呈现显著上升趋势，北半球高纬度地区升温速率更大。全球升温背景下，观测到高温热浪发生频率显著增加（Perkins et al.，2012）。联合国政府间气候变化专门委员会（Intergovernmental Panel on Climate Change，IPCC）第六次评估报告（AR6）指出，自 20 世纪 50 年代以来，全球陆地区域高温热浪的强度和频次增加，持续时间延长（周波涛和钱进，2021；IPCC，2022）。预计未来全球气温将进一步升高，高温事件发生频率和强度也将增加，同时高温的人口暴露度随之增加（Dosio et al.，2018；陈曦等，2020）。未来全球多地高温热浪可能成为常态（Russo et al.，2014），将严重威胁人体健康和社会经济发展。

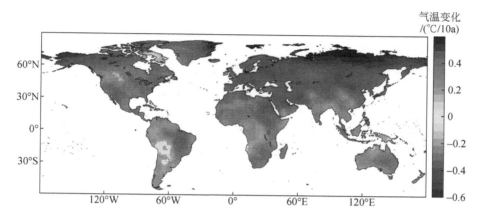

图 1.2　1961~2022 年全球气温变化趋势图
数据来源于 CRU 数据集，打点区域表示变化趋势通过 0.05 显著性水平检验

中国人口密度较大，高温热浪风险较高。2020 年发布的《柳叶刀人群健康与气候变化倒计时 2020 年中国报告》指出自 1990 年以来，中国与高温热浪相关的死亡人数上升了四倍，到 2019 年中国与高温热浪相关的死亡人数达到 26800 人，其造成的经济损失达到 136 亿美元（Cai et al.，2021）。20 世纪 60 年代以来的气象观测记录显示，全国高温热浪频次总体呈现增加的趋势，90 年代是一个明显的转折点，此后高温热浪频发，尤其是在长江以南地区（沈皓俊等，2018；Liang et al.，2022；吴锦成等，2022）。其中 2022 年 6 月开始的中国南方高温热浪是自 1961 年以来最强的一次，到 8 月中旬，国家气象中心已发布了 30 个高温红色预警，超 200 个国家气象站突破了历史最高气温纪录，这次事件成为中国有记录以来最广泛、最持久的一次高温热浪事件（Hao et al.，2023；苏布达等，2023）。未来预计中国高温热浪频率将持续增加，对脆弱人群（老年人、婴幼儿、孕妇以及某些特殊工作人员）将会造成严重威胁（Wang and Yan，2021；Yang J. et al.，2021；Chen et al.，2022）。高温热浪的监测和预报对于我国能源、农业生产、生态环境、公共卫生等部门具有重要的指导意义（贺山峰等，2010），气候变暖背景下加强高温热浪研究以应对气候变化带来的种种挑战刻不容缓。

1.2　研　究　意　义

联合国政府间气候变化专门委员会（IPCC）报告《气候变化 2021：自然科学基础》指出，随着全球气候系统的持续变暖，复合型极端事件（如复合高温干旱事件等）需要引起重视（余荣和翟盘茂，2021）。另外，IPCC 第六次评估报告第二工作组报告《气候变化

2022：影响、适应和脆弱性》也强调了多种气候灾害可能同时发生（如干旱和热浪），从而导致复合风险，以及不同部门、区域的级联风险。

干旱和热浪极端事件由于影响巨大、致灾性高，一直以来都是学术界高度关注的热点。干旱和高温存在较强的相关性，干旱发生过程常伴随着高温（邓振镛等，2009）。这种高温和干旱同时发生的现象，在近几年的极端干旱或者热浪事件中均有所体现。例如，2022 年夏季我国长江流域发生典型的复合高温干旱事件，其中东部区域极端高温频次、日最高气温等指标均达到 1979 年以来的最大值，而区域平均降水同时达到了 1979 年以来的最小值，此次高温干旱事件导致供水不足、粮食减产以及电力供需失衡等严重影响，造成巨大经济损失（孙博等，2022；姜雨彤等，2023）。这种高温和干旱同时或者相继发生的事件一般称为复合高温干旱事件（或者热旱事件、干热事件），是一种典型的复合型极端事件，由于其影响可能比单一极端事件的影响更大，近几年来成为学术界的研究热点（Hao et al.，2022）。随着复合型极端事件逐步得到重视，有必要开展中国区域复合高温干旱事件研究，为气候变化下极端事件的风险评估以及适应性措施的制定提供参考。

1.3　研　究　进　展

随着复合高温干旱事件的频繁发生，中国复合高温干旱事件的变化逐步得到了关注。自 2012 年 IPCC 报告提出了复合型极端事件概念，多年来针对复合高温干旱事件在全球和区域的发生机制、历史变化、模式模拟、归因及未来预估等方面取得了显著进展（Hao et al.，2022）。在发生机制方面，研究表明大气环流异常、土壤湿度–温度反馈作用以及大尺度气候模态，在不同时间尺度上影响复合高温干旱事件的发生（Wu et al.，2021a）。在历史变化方面，基于频率、持续时间、强度等特征，一些学者对不同时间尺度的复合高温干旱事件的变化开展研究（Wu X. Y. et al.，2019a，2020），结果表明我国复合高温干旱事件总体上呈现发生频率增加、持续时间延长的规律，但是个别区域上（主要是我国中–东部地区）频率减少以及持续时间缩短（Wu et al.，2019b；Zhang et al.，2022b）。在模式模拟方面，研究表明气候模式在空间分布上对于一些地区难以较好地模拟复合高温干旱事件的频率变化，但是总体上对覆盖面积的变化模拟较好。在归因方面，人为气候变化总体上是中国复合高温干旱事件增加的重要因素（Wu X. Y. et al.，2022）。在未来预估方面，研究表明随着未来全球气温的进一步变暖，我国复合高温干旱事件的发生频率可能进一步增加（Wu et al.，2021c）。随着研究的不断深入，中国复合高温干旱事件发生频率增加且在未来发生频率可能更高的特征逐步明晰。

第2章 中国历史干旱和高温基本演变特征

2.1 研究背景

根据中国气象局2022年发布的《中国气候变化蓝皮书（2022）》，1961~2021年期间我国平均年降水量呈增加趋势（平均每10年增加5.5mm），在区域上降水变化存在明显差异；与此同时，1951~2021年期间，我国地表年平均气温呈显著上升趋势（升温速率为0.26℃/10a）。伴随着降水和气温的变化，中国干旱和高温极端事件呈现显著的变化趋势。

干旱是一种复杂的自然现象，其强度和影响难以直接观测，通常采用干旱指数进行表征和描述（粟晓玲等，2019；吴志勇等，2021）。由于干旱自身的复杂性，干旱指数或者指标的选取对于干旱评估具有重要影响，但是目前尚未形成对干旱的统一定义方法（张俊等，2011；Hao and Singh，2015）。由于目前干旱指数众多，不同指数对不同区域的干旱监测及适用性存在差异（李忆平和李耀辉，2017；杨庆等，2017）。许多学者基于不同干旱指数开展了中国的干旱演变特征研究（韩兰英等，2019；张强等，2020；宋艳玲，2022）。Chen 和 Sun（2015）基于标准化降水蒸散发指数（SPEI）分析了中国1961~2012年干旱演变规律，结果表明，中国各地的干旱呈现明显的年代际变化，自20世纪90年代末以来，干旱变得更加频繁和严重，尤其是在北方地区。陶然和张珂（2020）基于帕默尔干旱指数（Palmer drought severity index，PDSI）分析了中国1982~2015年的气象干旱特征变化，发现我国干旱频率、历时、烈度总体都有上升的趋势，半湿润、半干旱区趋势更为显著。部分研究采用标准化降水指数（SPI）分析中国干旱变化，结果表明干旱频率、强度等变化规律与基于SPEI的结果差异较大（Wang et al.，2015；Li L. et al.，2020）。另外，廖要明和张存杰（2017）基于逐日气象干旱综合指数分析了中国干旱时空分布及灾情变化特征，结果表明我国干旱日数总体呈增加趋势，主要分布于东北-西南地区。

随着全球气温上升，中国区域高温相关的极端事件也随之增加（You et al.，2017；Liang et al.，2022）。自20世纪60年代以来，中国区域高温热浪的日数呈现减少后增加的变化趋势（贾佳和胡泽勇，2017），自90年代起，全国高温热浪日数逐年代呈明显上升趋势（Xie et al.，2020；吴锦成等，2022）。与此同时，高温热浪的持续时间、强度、范围等也随之增加（叶殿秀等，2013；吴锦成等，2022）。从区域上看，华南和西北地区高温日数和频次增加更为显著（张嘉仪和钱诚，2020）。Hu 等（2017）研究表明1960~2013年全国除山东、河南夏季热浪频次减少外，其他地区均呈增加趋势。舒章康等（2022）研究表明1975~2014年中国区域昼夜极端高温事件发生频率普遍增加，暖夜日数增幅高于暖昼日数增幅。加强干旱和高温演变规律的研究对于制定气候变化适应性措施具有重要意义。

2.2 数据和方法

2.2.1 数据来源

本章采用逐月降水和逐日最高温度数据分析中国干旱和高温事件的历史演变特征，研究时段为 1961～2018 年。本章数据来自格点化气象数据集 CN05.1（吴佳和高学杰，2013），该数据是基于中国 2400 多个地面气象台站的逐日观测数据插值得到，空间分辨率为 0.25°×0.25°。此数据集精度相对较高，且目前已广泛应用于长期气候分析中（张艳武等，2016；Wu et al.，2017；Miao and Wang，2020）。除非特殊说明，本书其他章节历史气象数据均基于 CN05.1。

2.2.2 干旱和高温指数

本章主要选用 SPI、SPEI 和自校正帕默尔干旱指数（self-calibrating Palmer drought severity index，scPDSI）三个干旱指数。SPI 和 SPEI 均采用三个月时间尺度下 8 月的指数值表征夏季干旱；scPDSI 则采用 6～8 月三个月指数平均值表征夏季干旱。在每个格点上计算干旱指数和气温序列的 Sen 趋势度表征变化趋势，并根据 Mann-Kendall 检验法进行趋势检验，p 值小于 0.05 时表明变化趋势通过显著性检验。

选取每月日最高温的 90% 分位数作为高温阈值，将连续三天及以上日最高温超过高温阈值时定义为一次完整的高温过程（安宁和左志燕，2021；吴锦成等，2022），从而统计高温事件的日数、频次以及每次高温过程的历时（持续时间）。将研究时段 1961～2018 年划分为前后相等的两个时段（即 1961～1989 年和 1990～2018 年），在所有格点上用后一时段高温事件的特征平均值减前一时段特征平均值，得到中国高温事件的空间变化；同时对区域平均的高温特征年时间序列进行趋势分析，得到中国高温事件的时间变化。

2.2.3 SPI 计算方法

标准化降水指数（SPI）常用于监测气象干旱，该指数一个重要特点是具有多时间尺度特征（如 1、3、6、12 个月尺度），可以用于表征不同时间尺度的干旱情势（如短期干旱、长期干旱）。该指数计算简单，具体步骤包括：①首先对选定时间尺度（如一个月）的累积降水资料拟合分布函数 F，常用分布函数包括 Gamma 分布、P-Ⅲ分布、经验分布等，然后计算其累积概率；②通过标准正态分布函数对累计概率进行标准化，最终得到 SPI。SPI 计算公式如下：

$$\text{SPI} = \varphi^{-1}\left[F(P)\right] \tag{2.1}$$

式中，P 为降水序列；F 为降水的概率分布函数；φ^{-1} 为标准正态分布函数的反函数。

2.2.4　SPEI 计算方法

标准化降水蒸散发指数（SPEI）的计算方法与 SPI 相似，可以在多个时间尺度上表征水分供需状况（Vicente-Serrano et al.，2010）。SPEI 主要特点是用降水（P）和潜在蒸散发（PET）之差（P–PET）代替 SPI 计算过程中的 P，从而考虑气温或者蒸散发能力对旱情的影响。SPEI 的计算方法可以表示为

$$\text{SPEI} = \varphi^{-1}\left[F(P\text{–PET}) \right] \tag{2.2}$$

该指数计算过程中的重要步骤之一是 PET 的计算，常用的计算方法包括 Thornthwaite 和 Penman-Monteith 等方法（Thornthwaite，1948；Allen et al.，1998；Vicente-Serrano et al.，2015）。本章拟采用 Thornthwaite 方法计算 PET，该方法所需变量较少，计算简单。Thornthwaite 计算公式如下：

$$\text{PET} = \begin{cases} 0 & T<0 \\ 16\left(\dfrac{10T}{I}\right)^{a} & 0 \leqslant T < 26.5 \\ -415.85+32.24T-0.43T^{2} & T \geqslant 26.5 \end{cases} \tag{2.3}$$

$$I = \sum_{i=1}^{12}\left(\frac{T}{5}\right)^{1.514} \qquad T>0 \tag{2.4}$$

$$a = 0.49+0.0179I-0.0000771I^{2}+0.000000675I^{3} \tag{2.5}$$

式中，T 为月平均气温，℃；I 为热指数；a 为 I 的三阶多项式。

2.2.5　scPDSI 计算方法

帕默尔干旱指数（PDSI）是 19 世纪 60 年代发展起来的干旱指数（Palmer，1965），该指数考虑了水分供需状况，以及前期干湿条件和持续时间对当月旱情的影响，物理意义更加明确。PDSI 与观测土壤湿度有较好的相关关系，目前应用广泛（Yan et al.，2016；张良等，2016；陶然和张珂，2020）。PDSI 计算公式如下：

$$\widehat{P} = \widehat{\text{ET}} + \widehat{R} + \widehat{\text{RO}} - \widehat{L} \tag{2.6}$$

$$d = P - \widehat{P} \tag{2.7}$$

$$K' = 1.5\lg\left[\left(\frac{\overline{\text{PET}}+\overline{R}+\overline{\text{RO}}}{\overline{P}+\overline{L}}+2.8\right)\Big/\overline{D}\right]+0.5 \tag{2.8}$$

$$K = \frac{17.67 \cdot K'}{\sum\limits_{j=1}^{12} \overline{D}_{j}K'_{j}} \tag{2.9}$$

$$z = dK \tag{2.10}$$

$$X_{i} = 0.897X_{i-1}+z_{i}/3 \tag{2.11}$$

式中，$\widehat{P}$、$\widehat{\text{ET}}$、$\widehat{R}$、$\widehat{\text{RO}}$ 和 $\widehat{L}$ 分别为气候适宜条件下的降水量、蒸散发量、补水量、径流量和失

水量；d 为实际降水量与气候适宜降水量的差值，D 为其绝对值；$\overline{PET}$、$\overline{R}$、$\overline{RO}$、$\overline{P}$ 和 $\overline{L}$ 分别为平均潜在蒸散发量、平均补水量、平均径流量、平均降水量和平均失水量；K 为气候修正系数（不同月份）；z 为水分异常指数；X_i 和 X_{i-1} 分别为当月和上一月的 PDSI 值；0.897 和 1/3 为持续因子，反映了干旱指数受前期干湿状况影响的程度和对当月水分异常的敏感性。

　　PDSI 的主要缺点之一是其定义包括了一些经验参数，因此存在地区适用性问题，为了消除这一影响，Wells 等（2004）开发了自校正帕默尔干旱指数（scPDSI）。该指数通过调整气候修正系数（K）和持续因子从而具有空间上的可比较性（van der Schrier et al.，2013）。

2.3　中国历史干旱演变特征

　　本章分别使用 SPI、SPEI 和 scPDSI 三个干旱指数对中国夏季干旱变化趋势进行分析，并比较不同干旱指数计算结果的差异。

2.3.1　基于 SPI 的干旱变化趋势

　　首先，采用 SPI 作为干旱指数分析 1961～2018 年中国夏季干旱变化趋势，如图 2.1 所示。可以看出干旱强度增加的地区主要分布于中国华北地区和西南地区（如云南省等），华东和西北地区则呈湿润化趋势。SPI 存在显著变化趋势（p 值 <0.05）的区域较少，主要分布于西北呈现湿润化的地区，而呈现干旱化的地区变化趋势大多不显著。SPI 变化趋势与降水变化紧密相关。如研究表明中国夏季降水呈现华北和西南减少，华南和西北增加的

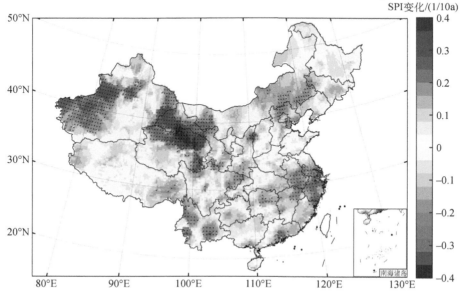

图 2.1　1961～2018 年中国夏季 SPI 变化趋势空间分布图
打点区域表示趋势通过 $\alpha=0.05$ 的显著性检验；台湾省数据暂缺

趋势（Guo et al., 2020）。在气候变化的背景下，SPI 仅考虑降水而忽略了其他气候因子的影响，因此在评估干旱时存在一定局限性。

2.3.2　基于 SPEI 的干旱变化趋势

图 2.2 是以 SPEI 作为干旱指数的中国夏季干旱空间变化。相比于 SPI，SPEI 不仅考虑了降水，而且考虑了潜在蒸散发，因此与 SPI 的变化存在较大差异。1961～2018 年，夏季 SPEI 在华北、东北、西北、西南以及青藏高原地区均呈现明显下降趋势，表明干旱加剧，其中华北地区和西部部分地区较为严重。SPI 与 SPEI 在西北干旱地区的变化趋势差异较大，甚至呈现相反的变化趋势，说明气温升高导致潜在蒸散发增加，对该地区的干旱变化具有重要影响。在南方湿润地区 SPEI 与 SPI 变化趋势相似，均呈现湿润化，但该区域大部分地区的变化趋势未能通过显著性检验。整体来看，当干旱指数考虑潜在蒸散发后，中国更多的区域呈现干旱化趋势。

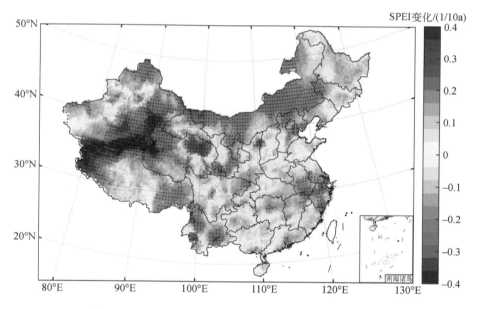

图 2.2　1961～2018 年中国夏季 SPEI 变化趋势空间分布图

打点区域表示趋势通过 $\alpha = 0.05$ 的显著性检验；台湾省数据暂缺

2.3.3　基于 scPDSI 的干旱变化趋势

图 2.3 是以 scPDSI 作为干旱指数的中国夏季干旱空间变化。可以看出 1961～2018 年中国东北至西南一带以及青藏高原地区夏季 scPDSI 均呈现显著下降趋势，表明干旱严重程度加剧，其中较为严重的有内蒙古、甘肃、宁夏以及云贵地区。西北和东南地区呈现湿润化趋势。scPDSI 呈现干旱显著加剧趋势的区域相比 SPI 明显更多。整体来看，基于三种

干旱指数的结果存在较大差异，说明干旱指数的选取对中国历史干旱变化评估具有不可忽视的影响。

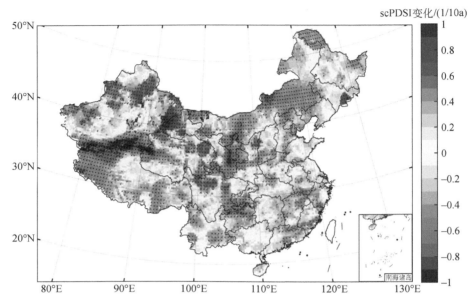

图 2.3　1961～2018 年中国夏季 scPDSI 变化趋势空间分布图
打点区域表示趋势通过 $\alpha=0.05$ 的显著性检验；台湾省数据暂缺

2.4　中国历史高温演变特征

中国历史高温变化主要基于日尺度气温数据分析，首先分析夏季平均气温以及最高气温的时空变化；然后计算高温事件的日数、频次以及历时的时空变化特征。

2.4.1　平均气温变化趋势

图 2.4 显示了 1961～2018 年中国夏季平均气温的时空变化。结果显示除中部部分地区外，夏季平均气温均呈现显著上升趋势。中部部分地区夏季气温轻微下降趋势可能与灌溉有关（Kang and Eltahir，2019；Wu et al.，2019a）。从时间序列看，中国区域平均夏季气温整体呈现显著上升趋势（平均每 10 年上升 0.22℃），20 世纪 90 年代前并未存在明显变化趋势，之后呈现强烈上升趋势。

2.4.2　最高气温变化趋势

图 2.5 显示了 1961～2018 年中国夏季平均最高气温的时空变化，其变化与平均气温的变化整体相似。东北、华北、西北、西南以及东南沿海地区夏季平均最高气温呈显著上

升趋势，中部地区部分呈下降趋势，但是趋势并不显著。时间变化上，中国区域平均夏季最高气温呈显著上升趋势（平均 0.18℃/10a），尤其是 20 世纪 90 年代后上升更明显。

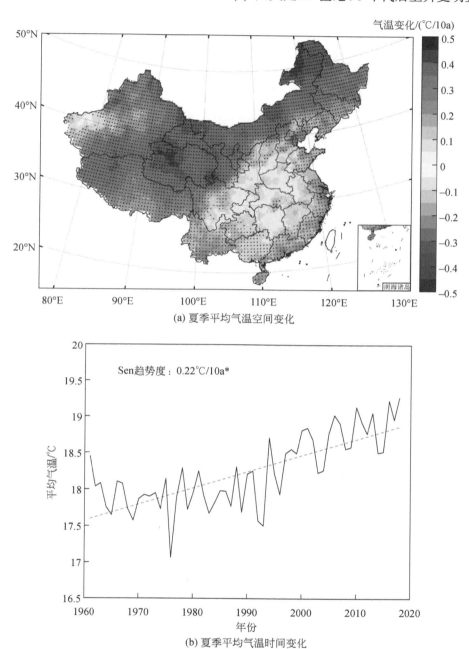

(a) 夏季平均气温空间变化

(b) 夏季平均气温时间变化

图 2.4 1961~2018 年中国夏季平均气温的（a）空间变化和（b）时间变化趋势图
打点区域和 * 均表示趋势通过 $\alpha=0.05$ 的显著性检验；台湾省数据暂缺

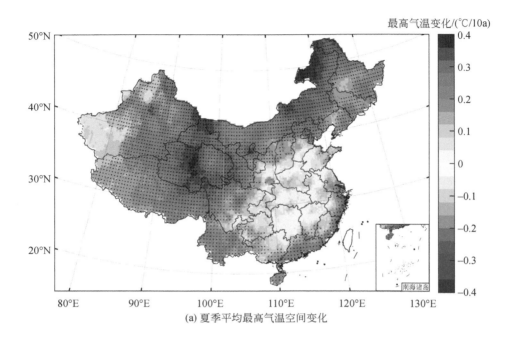

(a) 夏季平均最高气温空间变化

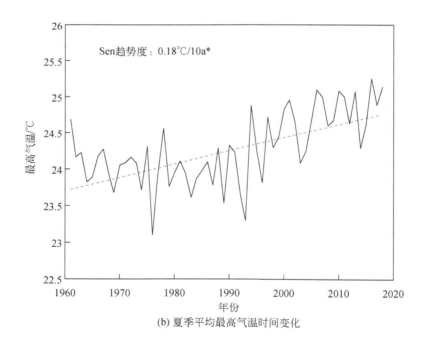

(b) 夏季平均最高气温时间变化

图 2.5　1961～2018 年中国夏季平均最高气温的（a）空间变化和（b）时间变化趋势图

打点区域和 * 均表示趋势通过 $\alpha=0.05$ 的显著性检验；台湾省数据暂缺

2.4.3　高温日数变化趋势

提取夏季高温事件，进一步分析了中国区域高温日数的时空变化。图 2.6（a）为

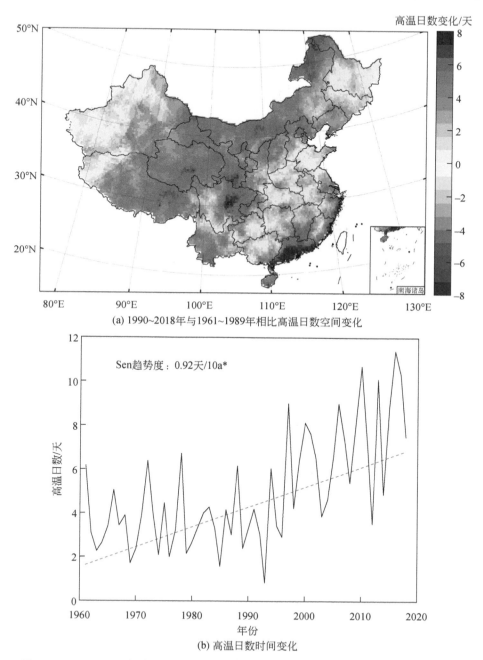

(a) 1990~2018年与1961~1989年相比高温日数空间变化

(b) 高温日数时间变化

图 2.6　1961~2018 年中国夏季高温日数的（a）空间变化和（b）时间变化趋势图

* 表示趋势通过 $\alpha = 0.05$ 的显著性检验；台湾省数据暂缺

1990～2018 年和 1961～1989 年高温日数之差,可以发现中国大部分地区高温日数都增加,尤其是华南沿海地区增加较多,后一时期相比前一时期增加超过八天。中部部分地区高温日数减少。全国平均高温日数呈现显著上升趋势,平均 0.92 天/10a [图 2.6（b）]。20 世纪 90 年代前后平均高温日数相差近一倍。

2.4.4　高温频次变化趋势

图 2.7 给出了 1961～2018 年中国夏季高温频次的时空变化,其变化与高温日数的变化整体相似。除中部部分地区外,中国大部分地区高温发生频次增加,内蒙古北部、四川、广东增加更多。区域平均高温频次呈显著增加趋势,平均 0.18 次/10a。

2.4.5　高温历时变化趋势

图 2.8 为 1961～2018 年中国夏季高温历时的时空变化。可见华北、东北、西北、西南、东南等地区均呈现高温历时延长的趋势,青海、四川、广东等地变化幅度更大。中部、东部部分地区（包括山东、河南）高温历时缩短。中国区域平均高温历时整体呈延长趋势,平均 0.36 天/10a。

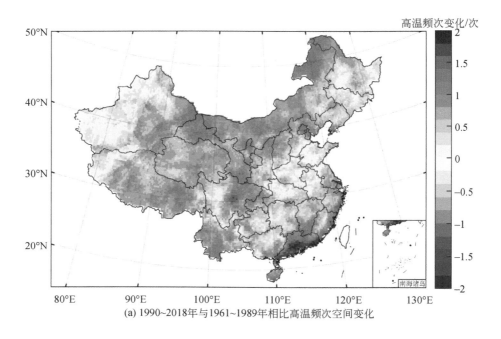

(a) 1990～2018年与1961～1989年相比高温频次空间变化

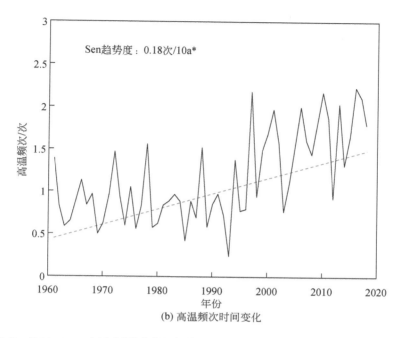

(b) 高温频次时间变化

图 2.7　1961～2018 年中国夏季高温频次的（a）空间变化和（b）时间变化趋势图

* 表示趋势通过 $\alpha=0.05$ 的显著性检验；台湾省数据暂缺

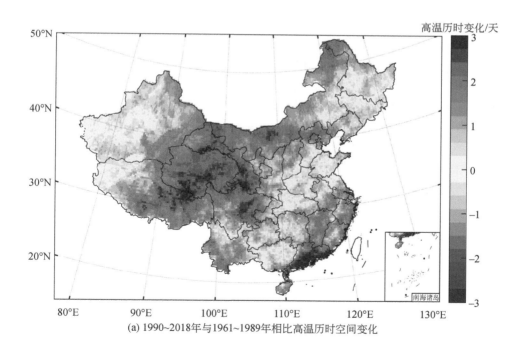

(a) 1990~2018年与1961~1989年相比高温历时空间变化

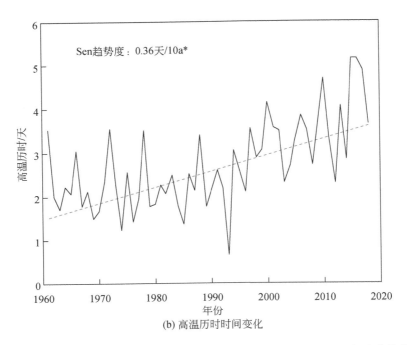

(b) 高温历时时间变化

图 2.8　1961～2018 年中国夏季高温历时的（a）空间变化和（b）时间变化趋势图
* 表示趋势通过 $\alpha = 0.05$ 的显著性检验；台湾省数据暂缺

2.5　本章小结

本章基于三个干旱指数（SPI、SPEI、scPDSI）分析了 1961～2018 年中国干旱变化趋势。研究发现不同干旱指数对结果影响较大。三个指数均显示华北和西南地区存在干旱化趋势，江淮地区存在湿润化趋势，但其他区域存在不可忽视的不一致性。此外，本章基于日尺度气温数据分析了中国高温变化趋势。研究发现中国夏季平均气温和最高气温均呈现整体上升趋势，仅在中部部分区域存在下降趋势。高温事件呈现日数增加、频次增加、历时延长的显著变化趋势。在气候变暖的背景下，尽管干旱事件的变化存在一定的不确定性，但全国范围内高温热浪显著增加。

第3章 复合高温干旱事件的定义及特征

3.1 复合高温干旱事件的定义

与单一极端事件相比，复合事件可能导致更严重的影响，对粮食生产、水安全等方面具有更大的破坏性，因此近几年来得到了越来越多的关注（Seneviratne et al.，2012；Leonard et al.，2014；Zscheischler et al.，2020）。复合型极端事件在 2012 年 IPCC《管理极端事件和灾害风险推进气候变化适应》特别报告正式提出（Seneviratne et al.，2012），IPCC 第六次评估报告（AR6）中进一步强调了需要加强该事件研究（Seneviratne et al.，2021；余荣和翟盘茂，2021）。Zscheischler 等（2018）将复合事件定义为"导致社会或环境风险的多种驱动因素和（或）风险的组合"，该定义被 2021 年 IPCC AR6 报告所采用。

复合高温干旱事件是一种典型的复合型极端事件，一般定义为同一地点干旱和高温事件同时发生或者相继发生的情况。通常，关于复合高温干旱事件的研究大多集中在同一时段发生的干旱和高温事件（如基于不同百分位数的降水和温度的组合）（Kirono et al.，2017；Zscheischler and Seneviratne，2017）。近年来发生的许多高温热浪事件（如 2003 年欧洲热浪以及 2010 年俄罗斯热浪事件）伴随着严重干旱（García-Herrera et al.，2010），一般可认为是复合高温干旱事件。目前，复合高温干旱事件研究主要从频率（频数）、持续时间、严重程度、发生时间等多特征进行刻画，本章重点介绍不同特征的刻画方法。

3.2 复合高温干旱事件的特征

3.2.1 干旱与高温指标

干旱可以分为不同类型，包括气象干旱、农业干旱、水文干旱和社会经济干旱。由于干旱指数的复杂性和多样性，在定义复合高温干旱事件时可以基于不同干旱指数，从不同方面刻画干旱事件以及复合高温干旱事件。初期定义复合高温干旱事件的研究主要是基于以降水为基础的气象干旱指数（Hao et al.，2013），一般可以采用百分位数、标准差等相对阈值（如降水量小于等于第 10 百分位数、小于一个标准差）来定义干旱事件，也有一些学者基于绝对阈值来定义干旱事件（如某时期内降水量小于1mm）（Feng et al.，2020）。近几年来，这方面研究逐步扩展到其他气象干旱指数，包括标准化降水蒸散发指数（SPEI）、帕默尔干旱指数（PDSI）等。一些研究通过农业干旱以及水文干旱指数构建复合高温干旱事件（Feng S. F. et al.，2021a，2022；Zhang et al.，2022a）。在时间尺度上，传统研究主要是基于月尺度或者季节尺度定义复合高温干旱事件，近年来一些学者基于日尺度干旱指数（Yu and Zhai，2020a，2020b；Li et al.，2021b）以及周尺度的干旱指数（Mukherjee and Mishra，2021），开展了不同时间尺度的复合事件的研究。另外，部分研究在年尺度定义了复合高温干旱事件（Sarhadi et al.，2018）。

目前高温指标定义多样，在变量上可以采用日最高气温、日最低气温等因子指示白天或夜间高温热浪，在阈值上可以采用相对阈值（第90百分位数）（吴锦成等，2022）或者绝对阈值（35℃）（贾佳和胡泽勇，2017）。热浪一般定义为温度超过阈值且持续一定时间（如三天）的高温事件（Perkins and Alexander，2012；Perkins，2015）。如根据我国气象部门的相关规定，当日最高气温达到或超过35℃且持续三天以上则称为高温热浪。除了采用白天温度定义热浪，一些研究也采用夜间温度定义热浪，从而可以定义复合高温干旱事件（Feng Y. et al.，2021）。一些研究中定义了复合热浪干旱事件，即在干旱期间发生热浪的事件（高温超过阈值，且需要持续超过三天），可以认为是复合高温干旱事件的一种特殊情况。

3.2.2　频次与频率

频次和频率是研究极端事件最常用的特征。实际应用中，频次以及天数常用于表征极端事件的发生特点。极端事件的频次是指一段时间（或者区域）内发生的事件次数，而对于一次事件，可以进一步采用天数等刻画极端事件。如果对于一次高温热浪过程，其热浪天数可以达到数天（Perkins and Alexander，2012；吴锦成等，2022）。

复合高温干旱事件一般是基于联合阈值法将其定义为二元变量（即发生或不发生），在此基础上对复合高温干旱事件的频次变化进行评估。例如，对于某一个月，以累积降水量小于等于第20百分位数定义干旱事件，以日最高温度高于第80百分位数定义高温事件，则每天的复合高温干旱事件是否发生可以定义为一个二元变量（$O=1$ 表示出现，$O=0$ 表示未出现）。如果干旱在该月发生，且该时段内多天温度高于第90百分位数阈值，则该月可定义为发生了复合高温干旱事件（图3.1），而复合高温干旱事件的天数可以定义为

$$F = \sum_{i}^{N} O_i \tag{3.1}$$

式中，N 为时段的长度（即总天数）；$O_i = 1$ 表示第 i 天事件发生（$1 \leqslant i \leqslant N$）。

对于复合热浪干旱事件（干旱期间高温超过阈值且持续三天或者以上），某一个月（或者季节）可能发生多次热浪事件，这也意味着一个月内复合热浪干旱事件可能发生多次，而每一次事件中有多个高温干旱日。研究中一般结合发生频次及天数对复合高温干旱事件进行综合评估。

频率表示一定时间内复合高温干旱事件数（如天数、月份或季节）除以总时长。以组合阈值（P_{20} 和 T_{80}）为例，即以月降水量小于等于第20百分位数来定义干旱事件，以最高温度高于第80百分位数定义高温事件，则复合事件的发生频率可以定义为发生复合事件的月数除以总月数。

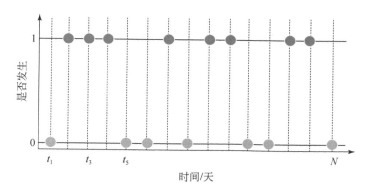

图 3.1　复合高温干旱事件的发生天数示意图（据 Feng et al.，2020）

3.2.3　持续时间

　　干旱期间高温持续时间越长，其影响可能越大。复合高温干旱事件的持续时间一般是指干旱期间连续发生高温的日数。如图 3.1 所示，在该干旱时段内，有多天发生复合高温干旱事件，其中连续发生复合高温干旱事件的最长天数为三天（即最长持续时间）。复合高温干旱事件的持续时间常与频率等特征一起分析，共同刻画复合事件的特征及影响（Mazdiyasni and AghaKouchak，2015；Manning et al.，2019）。

3.2.4　严重程度

　　与单一变量可以直接排序不同，多变量事件并不能直接排序，这也意味着对于由多变量组成的复合高温干旱事件，其严重程度（severity）难以直接判断。例如，对于两种不同百分位数的降水量和温度阈值组合（P_{10} 和 T_{80}，P_{15} 和 T_{95}），难以直观地判定两个复合事件的综合强度大小。当前，衡量复合事件严重程度的常用方法可以通过联合阈值法定义多个事件等级或者通过指标法衡量事件的严重程度（Manning et al.，2019；Wu et al.，2019a；Feng et al.，2020；Huang et al.，2021；Hao et al.，2021；Li et al.，2023）。

　　联合阈值法采用不同的阈值来区分不同复合高温干旱事件的严重程度。例如，可以选取降水量不同阈值（P_{50}、P_{40}、$\cdots$、P_{10}）以及温度不同阈值（T_{50}、T_{60}、$\cdots$、T_{90}）定义不同百分位数的阈值组合，从而定义不同的复合事件等级。以降水量（P）和温度（T）的五组不同百分位数阈值组合为例，可将不同严重程度的复合高温干旱事件分为五个等级（图 3.2）。2022 年 8 月的高温干旱等级如图 3.3 所示（Hao et al.，2019b），其中欧洲、北美以及中国长江流域等地区在该时段发生了等级较高的复合高温干旱事件，这与实际情况较为一致。

　　一些学者通过定义复合事件指标衡量复合高温干旱事件的严重程度（Hao et al.，2018a），其中，联合概率是构建复合事件指标的重要方法（Hao et al.，2018b，2020；Li H. et al.，2020）。以降水量和温度为例（以变量 X 和 Y 代表），其联合概率 p 可用于表征

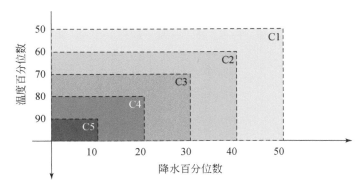

图 3.2　复合高温干旱事件不同等级示意图

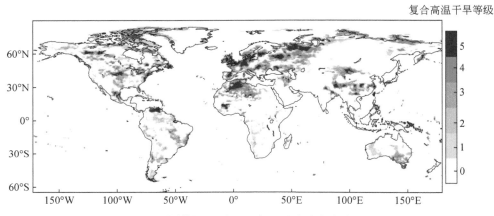

图 3.3　基于不同等级监测 2022 年 8 月全球复合高温干旱事件

高温和干旱事件的严重程度（Li et al.，2018；Hao et al.，2019b），具体表达式如下：

$$p = P(X \leqslant x, Y > y) \tag{3.2}$$

式中，p 为降水量和温度的联合概率。

　　基于联合概率，可构建用于表征复合高温干旱事件发生强度的标准化复合事件指数（standardized compound event indicator，SCEI）（Hao et al.，2019a），该指数表达式如下：

$$\text{SCEI} = \varphi^{-1}\{F[P(X \leqslant x, Y > y)]\} \tag{3.3}$$

式中，φ 为标准化正态分布函数；F 为边缘概率分布函数，可采用 Gringorten（1963）公式进行计算，表达式如下：

$$P(x_i, y_i) = \frac{n_i - 0.44}{n + 0.12} \tag{3.4}$$

式中，n 为该数据序列长度；n_i 为 $X \leqslant x_i$ 和 $Y > y_i$ 同时发生的次数。

　　SCEI 为标准化正态分布，与标准化降水指数（SPI）类似，指数值越低，表明复合高温干旱事件越严重，反之亦然。如图 3.4 所示，2022 年复合高温干旱事件的情势可以通过 SCEI 来监测，北美、欧洲以及中国长江流域等地区 SCEI 值较低，表明这些区域复合高温干旱事件较为严重。

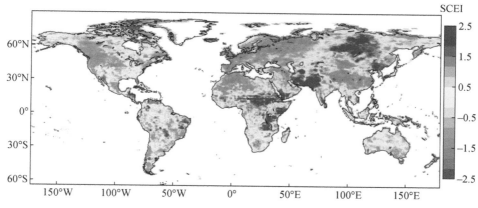

图 3.4　基于复合事件指标 SCEI 监测 2022 年 8 月全球复合高温干旱事件

3.2.5　量级

量级（magnitude）是与严重程度较为相似的一个特征。在刻画复合高温干旱事件时，一些学者采用干旱期的最高温度作为量级指标（Manning et al., 2019）。这种定义方式仅仅考虑了复合高温干旱事件期间的温度特征，并未考虑干旱特征，而复合高温干旱事件对农业及生态系统的影响可能取决干旱严重程度、高温严重程度及持续时间等特征。因此，为了更准确地反映复合高温干旱事件的特征，Wu 等（2019a）定义了复合高温干旱事件量级指数（dry-hot magnitude index，DHMI），该指数将干旱和高温事件的严重程度及持续时间等特征相结合，可用于复合高温干旱事件的影响研究。某时段 DHMI 的具体计算公式如下（图 3.5）：

$$\mathrm{DHMI} = P\left(\sum_{i=1}^{L} \Delta T_i\right) \times \Delta \mathrm{DI} \tag{3.5}$$

式中，L 为日最高气温大于阈值的总天数；ΔT_i 为第 i 天日最高气温大于阈值的差值，为了将其标准化，定义 $P(\cdot)$ 为温度与其阈值差值之和的边缘分布，取值范围为 $[0, 1]$；$\Delta \mathrm{DI}$ 为某时段干旱指标 DI 与其阈值 DI_0 的差值（仅考虑干旱时段，非干旱时段的值定义为 0）。

3.2.6　发生时间

极端事件对生态系统的影响与时间密切相关，如复合高温干旱事件发生在作物或者植被不同生长时段，其影响不尽相同。因此在研究复合高温干旱事件对农业和生态系统的影响时，需要关注复合事件的发生时间。虽然目前已经对干旱或高温等极端事件的发生时间进行了深入研究，但对复合高温干旱事件的发生时间（以及结束时间等）的研究相对较少（Feng et al., 2020；Vogel et al., 2021），目前尚无广泛接受的定义。一些研究中将复合高温干旱事件的开始时间定义为干旱期发生高温事件的第一天（Zhang et al., 2022b）。

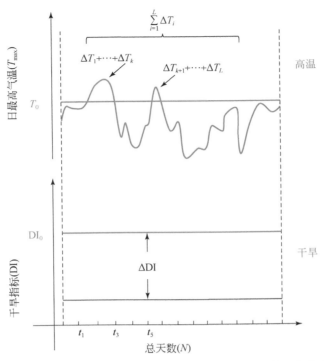

图 3.5　某时段基于干旱指标（DI）和日最高气温（$T_{\max}$）定义复合高温干旱
量级指数（DHMI）示意图

3.2.7　空间覆盖面积

复合高温干旱事件的空间覆盖面积一般定义为发生复合高温干旱事件的区域面积与研究区域总面积的比值，计算公式如下：

$$SE = \frac{A_0}{A} \tag{3.6}$$

式中，A_0 为发生复合高温干旱事件的面积；A 为研究区域总面积。在实际研究中，A_0 可以定义为多种形式，如持续时间超过某一阈值的面积，或者某一复合高温干旱等级所占的面积。

3.2.8　相关关系

复合型极端事件的一个重要特征是不同变量之间的相关性或者相依性。对于复合高温干旱事件，全球陆地区域暖季期间降水量和温度的负相关关系已在不同地区得到广泛探讨（Trenberth and Shea，2005；Adler et al.，2008；Rodrigo，2015；Crhová and Holtanová，2018）。低降水量与高温的组合形式在近几年的许多复合高温干旱事件中均有体现，如对于 2015～2016 年非洲南部的干旱和高温事件（Livneh and Hoerling，2016；Hao et al.，

2019a），图 3.6 展示了该地区夏季降水量和温度散点图。总体上，该区域降水量和温度呈负相关关系（相关系数为–0.55，通过显著性检验），其中 2015～2016 年夏季的低降水量和高温表明了该复合高温干旱事件的特征。

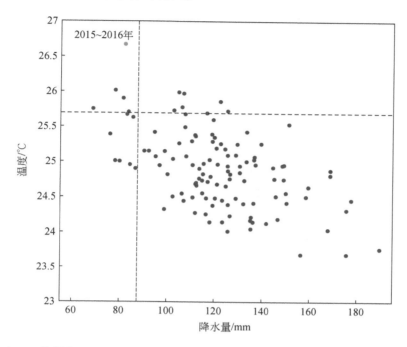

图 3.6　基于 CRU 数据的 1901～2018 年南部非洲夏季（12 月、1 月、2 月）的降水量和温度散点图

3.2.9　联合概率与联合回归期

高温和干旱指标的联合概率常用于计算其风险（或者发生的可能性），联合重现期是与联合概率密切相关的概念，通常定义为联合概率的倒数（常被用来描述复合事件的风险）。例如，以降水量和温度为例（假设为随机变量 X 和 Y），降水量小于等于 P_0 和温度高于 T_0 所定义的复合高温干旱事件的发生概率可以计算为

$$\text{Prob} = P(X \leqslant P_0, Y > T_0) \tag{3.7}$$

不同的参数和非参数模型可以用于构建多变量联合分布函数，常用的参数化模型包括多元高斯分布函数等，非参数化模型包括多元核密度函数等（Hao and Singh，2016）。其中，Copula 函数广泛应用于水文学领域中多元随机变量联合分布函数的构建。二元随机变量 X 和 Y 的 Copula 计算公式如下（Nelsen，2006）：

$$P(X \leqslant x, Y \leqslant y) = C(F(X), G(Y)) = C(u, v) \tag{3.8}$$

式中，$C(\cdot)$ 为 Copula 函数；u 和 v 分别为随机变量 X 和 Y 的边缘概率分布函数。

如果假设降水量和温度为独立（联合概率为其边缘概率的乘积），则降水量小于等于第 10 百分位数和温度高于第 90 百分位数的联合概率为 0.01，其对应联合重现期为 100

年。以图 3.6 中 1901～2018 年非洲南部夏季降水量和温度为例，应用 Copula 函数构建降水量和温度的联合分布（选取高斯 Copula 函数），计算得到非洲南部地区夏季降水量小于等于第 10 百分位数和温度高于第 90 百分位数的联合概率为 0.035，其对应的联合回归期为 28 年。这表明实际联合概率远高于干旱或高温的独立情况，且回归期比二者独立情况短，这反映了干旱和高温相关性对复合高温干旱事件的联合概率或者风险的影响，也强调了在研究复合事件风险时需要考虑不同变量之间的相关性。

3.3　本章小结

本章主要介绍了复合高温干旱事件不同特征的一般定义方法。由于目前尚无统一的干旱指数，因此复合高温干旱事件可以基于气象干旱、农业干旱、水文干旱等干旱指数来定义。同样，对于高温指数，除了常用的日最高温度，一些研究中开始考虑以夜间温度定义热浪及对应的高温干旱事件。复合高温干旱事件可以在不同时间尺度上定义，目前在月尺度或者季节尺度上定义该事件研究较多，一些研究中尝试在日尺度及年尺度上定义该事件。复合高温干旱事件的影响与其不同特征有关，目前研究中一般通过频次（频率）、持续时间、严重程度、量级、发生时间、空间覆盖面积、相关系数、联合概率及联合回归期等多特征刻画该事件。

第4章　中国复合高温干旱事件的分布

4.1　研究背景

全球复合高温干旱事件的分布如图4.1所示，其中北美中部、欧洲、南亚、非洲南部等地均为复合高温干旱的频发区域。干旱和高温之间存在着较强的相关关系，干旱与高温指标之间的相关性与复合高温干旱事件的发生频率密切相关（Zscheischler and Seneviratne，2017）。研究表明，全球暖季降水和温度之间存在较为显著的负相关关系（Trenberth and Shea，2005；Adler et al.，2008；Rodrigo，2015；Mahony and Cannon，2018；Abatzoglou et al.，2020；Wang et al.，2021a）。如图4.2所示，北半球的北美大部分、欧洲、东亚和南亚，以及南半球的南美洲、非洲南部和澳大利亚北部地区降水和温度均存在较强的负相关关系。许多学者在区域尺度的研究也发现了相似的结论，如美国（Madden and Williams，1978；Zhao and Khalil，1993；Koster et al.，2009）、加拿大（Singh et al.，2020）、欧洲（Crhová and Holtanová，2018；Rodrigo，2019；Lhotka and Kyselý，2022）、地中海区域（Russo et al.，2019）以及中国（Du et al.，2013；Wu，2014；He et al.，2015；Wu et al.，2019b）。总体上复合高温干旱的频发区域与干旱-高温指标呈负相关关系的区域较为一致。

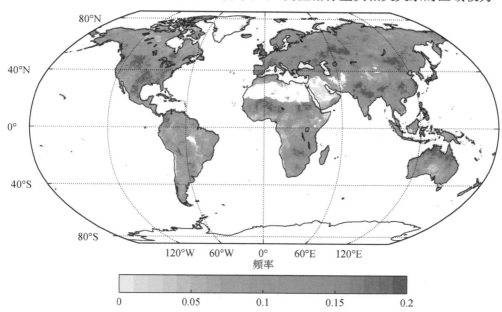

图4.1　1951～2018年的全球暖季复合高温干旱事件的分布图（据 Hao et al.，2022）
暖季北半球为6～8月，南半球为12月及次年1月、2月。阈值组合为降水量小于等于第30百分位数、温度高于第70百分位数

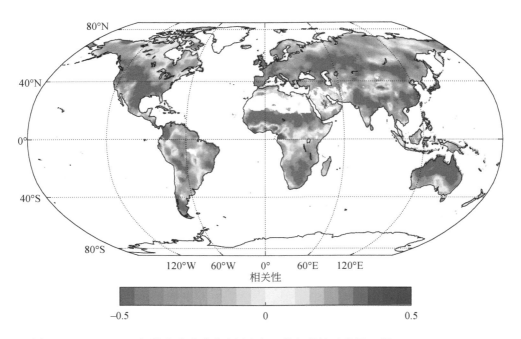

图 4.2   1951 ~ 2018 年的全球暖季降水量和气温的相关性示意图 （据 Hao et al., 2022）
暖季北半球为 6 ~ 8 月，南半球为 12 月以及次年 1 月、2 月

4.2   数据和方法

本章采用月降水和日–月气温分析复合高温干旱事件的分布特征，数据来自格点化气象数据集 CN05.1。本章采用降水百分数作为干旱指标监测干旱。对于干旱事件，本章采用降水量小于等于第 20 百分位数作为阈值（对应于 SPI 值小于等于–0.8）。在日尺度和月尺度上分别定义高温事件，在日尺度上，本章采用日最高温度的第 90 百分位数定义日尺度高温热浪事件；在月尺度上，采用月温度高于第 80 百分位数定义高温事件。

4.3   日尺度分布特征

1961 ~ 2018 年期间，中国夏季复合高温干旱事件的日数分布如图 4.3 所示。总体来说，东北、内蒙古、西南等地区为复合高温干旱事件的高发区域，这与之前研究结论一致（Wu et al., 2019b；Feng et al., 2023）。对于内蒙古东部地区，复合高温干旱事件日数可以达到 200 多天，这与干旱–高温之间的反馈作用密切相关（王丽伟和张杰，2015）。另外，长江流域的复合高温干旱事件日数也较多，这可能与夏季副热带高压（副高）控制下高温持续性较强有关（Kong et al., 2020）。需要注意的是，当干旱指标不同时，复合高温干旱事件的天数可能不同（肖秀程等，2020；Hao et al., 2022）。例如，基于日尺度的气象干旱综合指数（meteorological drought composite index, MCI）定义干旱，研究表明复合高温干旱事件日数在中国的华北北部、西北以及西南地区分布较多（Yu and Zhai，2020b）。

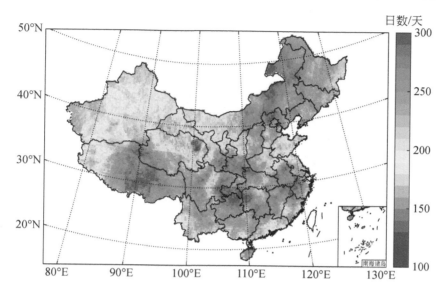

图 4.3   1961~2018 年期间中国夏季（6~8 月）复合高温干旱事件的日数分布图
台湾省数据暂缺

由图 4.4 可以看出，中国大部分地区夏季月降水量与日最高温度呈负相关关系，东北、华北及部分西南地区的干旱与高温的相关系数较强，导致复合高温干旱事件发生频率较高（Hao et al.，2017；Wu et al.，2019b）。同时，这种相关系数与中国夏季土壤湿度-温度反馈关系有关（杨洋等，2022），体现了前期干旱对高温的影响。一般来说，在陆气反馈显著的区域，前期干旱可导致高温增强（Mueller and Seneviratne，2012；Hao et al.，2017；Liu et al.，2017；Yuan et al.，2020）。

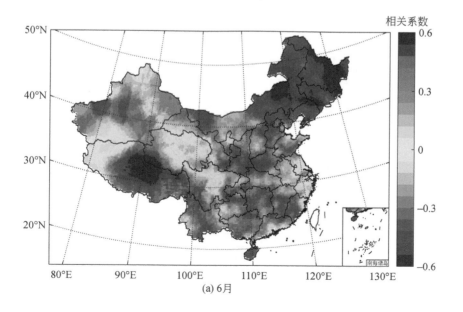

(a) 6 月

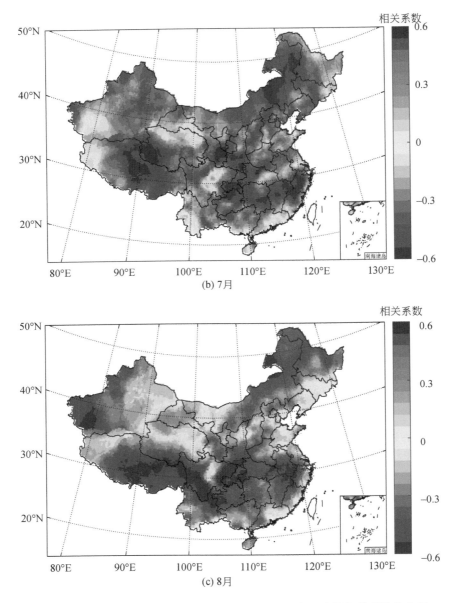

图 4.4　1961～2018 年期间中国夏季月降水与日最高温度的相关系数分布图
台湾省数据暂缺

4.4　月尺度分布特征

在月尺度以及季节尺度上，1961～2018 年期间夏季复合高温干旱事件的分布如图 4.5 所示。中国华北、东北、新疆以及西南地区的复合高温干旱事件发生频率较高，但是在青藏高原北部地区频率较低（Wu，2014；Wu et al.，2019b）。夏季每个月的降水量和温度的相关系数如图 4.6 所示。虽然月之间存在一定差异，但是总体来说，降水量和温度在中国大部分地区（除了青藏高原北部地区或青海东部地区）呈负相关关系（He et al., 2015），夏季降水量和温度的相关系数存在类似的特征。这种降水量和气温的负相关关系意味着夏季一般是干热或者湿冷。这种现象的基本物理机制在于（Trenberth and Shea, 2005；Berg et al., 2016；Zscheischler and Seneviratne, 2017；Vogel et al., 2018；杨洋等，2022）：①干旱时期，云量少，辐射直接到达陆面，导致近地面气温升高；②干旱条件下，土壤含水量较少，蒸发冷却效应降低，导致显热增加，使气温升高。在青海东部地区，降水量和温度之间呈正相关关系。

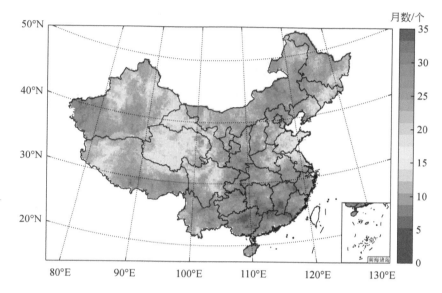

图 4.5　1961～2018 年期间中国夏季复合高温干旱事件月数的分布图

干旱定义为降水量小于等于第 20 百分位数，高温定义为月最高温度高于第 80 百分位数；台湾省数据暂缺

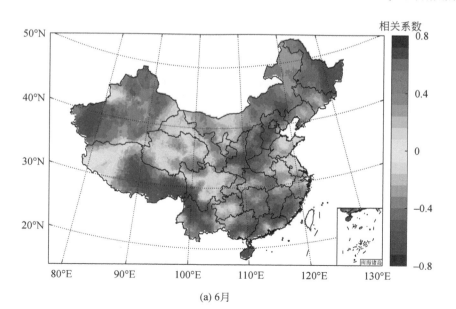

(a) 6月

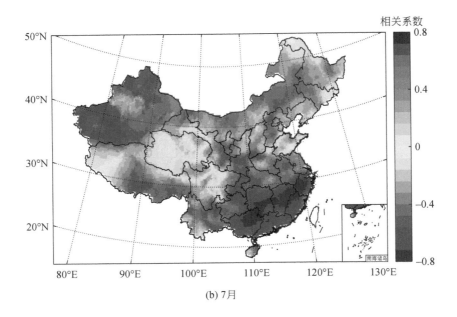

(b) 7月

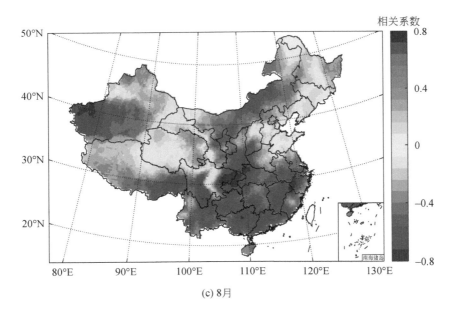

(c) 8月

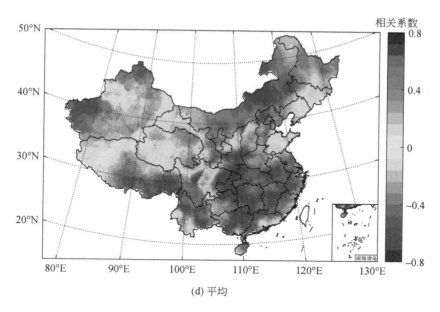

(d) 平均

图 4.6　1961 ~ 2018 年期间中国夏季月平均降水量与月最高温度的相关系数分布图
台湾省数据暂缺

4.5　本 章 小 结

　　本章主要分析了 1961 ~ 2018 年期间中国夏季复合高温干旱事件的基本分布特征。总体来说，中国东北-西南过渡带（干旱-半干旱区）复合高温干旱事件的发生日数较高，在区域上，东北以及长江流域等地为高发区。在月或者季节尺度上，复合高温干旱事件的发生月数以及季节数呈现类似的分布特征，这种分布特征与降水量-温度相关系数密切相关。在夏季中国大部分区域，降水量和温度呈负相关关系，这意味着夏季这些区域一般是干热或者湿冷，其基本的物理机制与天气过程（干旱期间云量少，辐射直接到达地表导致近地面气温升高）及陆气反馈机制（土壤含水量缺失导致蒸发冷却效应降低以及显热增加，从而导致气温升高）有关。

第 5 章　中国复合高温干旱事件与大尺度气候模态的关系

5.1　研究背景

复合高温干旱事件对植被、农业、水资源等影响巨大，准确识别其驱动因素具有重要意义，可为建立预测预警系统提供理论基础。同时发生的干旱和高温热浪一般与同时引发两种极端事件的环流异常（如阻塞或高压系统）或二者间相互作用有关（Fink et al.，2004；Quesada et al.，2012；Seager and Hoerling，2014；Miralles et al.，2019；Hao et al.，2022）。复合高温干旱事件通常伴随着高压系统或反气旋环流，这些大气环流模式导致晴空条件增加（云层覆盖较少）、短波辐射增强、下沉气流盛行（空气绝热增温强烈），有利于干旱或酷暑的发展，导致干旱和高温同时发生（Fischer et al.，2007；Zampieri et al.，2009；Schubert et al.，2014；Dong L. et al.，2018；Mukherjee et al.，2020；Zscheischler and Fischer，2020；Ionita et al.，2021；Liu and Zhou，2021；Seo et al.，2021）。大气阻塞是中高纬度持续时间较长的高压系统，可导致阻塞区域及其周围的降雨和气温异常，是目前研究复合高温干旱事件发生机制的重要大气过程之一（Röthlisberger and Martius，2019；Zscheischler and Fischer，2020；Zscheischler et al.，2020；Ali et al.，2021；Weiland et al.，2021；Zhang et al.，2021；Kautz et al.，2022）。研究表明，在北半球，北美洲西部、欧洲和俄罗斯南部的复合高温干旱事件均与大气阻塞密切相关（Röthlisberger and Martius，2019）。

此外，厄尔尼诺-南方涛动（El Niño-southern oscillation，ENSO）、印度洋偶极子（Indian Ocean dipole，IOD）、太平洋十年振荡（Pacific decadal oscillation，PDO）、北大西洋涛动（North Atlantic oscillation，NAO）、大西洋多年代际振荡（Atlantic multidecadal oscillation，AMO）等气候模态可能会引起大气环流异常，从而导致在较长的时间尺度上降水偏少和高温同时出现（Lyon，2009；Hao et al.，2018c；Mukherjee et al.，2020；Wu et al.，2021a）。Hao 等（2018c）基于全球降水和气温数据定义了复合高温干旱事件，通过逻辑回归模型定量分析了暖季 ENSO 与复合高温干旱事件的关系，结果表明 ENSO 对复合高温干旱事件的影响主要集中在南美北部、非洲南部、东南亚和澳大利亚等地区。研究表明其他一些气候模态也与复合高温干旱事件的发生有关，如 NAO（欧洲及地中海地区）（López-Moreno et al.，2011；Bladé et al.，2012；Wright et al.，2014；Ionita et al.，2017；Li H. et al.，2020；Deng et al.，2022）、AMO（中国北方地区）（Li H. et al.，2020；Wu et al.，2021a）、ENSO 和 IOD（澳大利亚）（Min et al.，2013；Lim et al.，2019；Loughran et al.，2019；Reddy et al.，2022）。

土壤湿度-温度反馈作用也会导致干旱和高温同时发生（Seneviratne et al.，2012；

Miralles et al.，2019）。具体来说，降雨缺失伴随着土壤含水量减少，蒸发减少及显热增加，并导致气温升高；与此同时，高温导致蒸散发增加，进一步使土壤水分减少，促进高温和干旱事件共同发生（Miralles et al.，2019）。

5.2　中国复合高温干旱事件的发生机制研究

大气环流异常与复合高温干旱事件的关系已有大量研究，一些学者分析了环流系统与中国不同区域（如东北、华北、长江流域）的复合高温干旱事件的关系（Li H. et al.，2022；Lu et al.，2022；Peng et al.，2023；Qian et al.，2023；Wang et al.，2023）。Lu 等（2022）研究了 2018 年 7 月下旬我国长江中游地区高温干旱复合事件的驱动因素，结果表明该区域的复合高温干旱事件与来自不同地区的季节内振荡（intraseasonal oscillation，ISO）有关，该事件发展前期主要受到西北太平洋副高西伸导致的偏南暖平流影响，而在后期主要与对流层正异常高度场导致的大气下沉（进而引起湿度下降、气温上升）有关。Li H. 等（2022）研究了中国东北地区夏季复合型高温干旱的大气环流异常成因，研究结果表明该地区发生复合高温干旱事件时，环流表现为极地-欧亚遥相关型波列（POL 型波列）和太平洋–日本遥相关型波列（P-J 型波列）异常。一些研究分析了气候模态对中国不同区域复合高温干旱事件的影响（Wu et al.，2021a），包括东北（Li H. et al.，2018，2020）和内蒙古（Kang et al.，2022）等区域。

同时，大量的研究探讨了中国区域土壤湿度–温度反馈机制（张井勇和吴凌云，2011；杨洋等，2022），加深了对中国复合高温干旱事件发生机制的认识（Shi et al.，2021b；Wen et al.，2023）。例如，Shi 等（2021b）研究表明，中国区域复合高温干旱期间的热浪强度比单独热浪高 0.91℃。Wen 等（2023）从陆气相互作用的角度研究了 2019 年中国西南地区的复合高温干旱事件的发生机制，通过对降水、气温以及土壤含水量的诊断分析发现，该事件的不同发展阶段驱动因素并不完全相同（Jiang L. et al.，2022）。一些学者分析了海冰、土壤湿度等因素对中国复合高温干旱事件的影响（Li H. et al.，2018，2022）。Li 等（2018）研究表明巴伦支海 3 月海冰的减少，可导致中国东北地区 7~8 月复合高温干旱事件偏多。

本章主要基于统计方法（合成分析法和逻辑回归模型）初步探讨了四种气候模态对中国复合高温干旱事件的影响。

5.3　数据和方法

5.3.1　数据及复合事件定义

本章月降水和气温数据来自 CRU 数据集，为了获得更多的干旱、高温及复合事件的样本，研究时段取为 1921~2016 年。采用标准化降水指数（SPI）和标准化温度指数（standardized temperature index，STI）作为干旱和高温指数，基于二者的联合阈值来定义复合高温干旱事件。为了获得相对较长的复合高温干旱事件序列，本研究选取 0 作为 SPI 和 STI 的阈值，即当某时段 SPI≤0 且 STI>0 时，定义为复合高温干旱事件发生。

5.3.2　合成分析法

合成分析（composite analysis）法是研究不同因子对极端事件影响的一种常用的方法。首先，分别选取因子较高和较低时段（本章选取 30 年），然后计算相应两个时段复合高温干旱事件发生频次的差值，并使用统计检验（本章采用双侧 t 检验）来识别差异的统计显著性（本章选取 0.05 显著性水平），从而分析不同因子对复合高温干旱事件的影响。合成分析（CA）法的计算公式如下：

$$CA = P_h - P_l \tag{5.1}$$

式中，P_h 和 P_l 分别为因子最高 30 年和最低 30 年对应的复合高温干旱事件的发生频次。当该差异在指定的显著性水平下显著时，认为因子对复合事件具有显著的影响。

5.3.3　逻辑回归模型

逻辑回归模型是一种广义线性回归分析模型。复合事件可定义为是否发生的二元变量，逻辑回归模型可以用于建立该二元变量与不同驱动因素的关系（Hao et al., 2018c）。本研究中采用逻辑回归模型评估不同因子对复合高温干旱事件的影响，该模型的计算公式可表示为（Martius et al., 2016；Hao et al., 2018c）：

$$logit(p) = \ln\left(\frac{p}{1-p}\right) = \alpha + \beta x \tag{5.2}$$

式中，x 为影响因素（如表征 ENSO 的指数）；p 为 x 对应的复合高温干旱事件的发生概率；α 和 β 为回归系数。当 β 参数为正时，表明概率 p 随着 x 的增加而增加。当回归系数 β 在指定的显著性水平下显著时，认为该因子对复合事件具有显著的影响。本研究采用 Wald 检验确定 β 的统计显著性（Peng et al., 2002）。

5.4　与大尺度气候模态的关系

本节基于 ENSO、NAO、PDO 和 AMO 四个因子，应用统计方法分析其与复合高温干旱事件的关系。本章首先研究了降水以及气温与四个因子的相关关系。由于复合高温干旱事件一般定义为降水减少和气温偏高同时发生，当降水和气温与同一因子呈相反的相关关系时，则意味着该因子可以导致复合高温干旱事件，因此，这些相关分析结果可为研究不同因子对复合高温干旱事件的影响提供初步证据。随后，采用合成分析与逻辑回归两种方法对复合高温干旱事件的影响进行评估，并对比了不同方法的分析结果。

5.4.1　ENSO

1921~2016 年中国夏季降水及气温与厄尔尼诺-南方涛动（ENSO）相关关系如图 5.1

所示。ENSO 与夏季降水呈正相关关系的区域包括中国东北、西北、长江和淮河流域下游以及华南部分地区，这与其他研究结果总体一致（Weng et al.，2011）。此外，ENSO 与夏季降水呈现显著负相关的区域主要分布在华中、华北以及部分西南地区。即当 ENSO 为正相位时，中国东北地区降水偏多而华中地区降水偏少，这一特征与东北亚地区气旋异常以及北太平洋西部反气旋异常有关（Wen et al.，2015），这些异常气旋和反气旋系统在一定程度上与沿东亚海岸的经向波列（或太平洋–日本模态）和环球遥相关有关，二者均可由厄尔尼诺引起（Wen et al.，2019）。

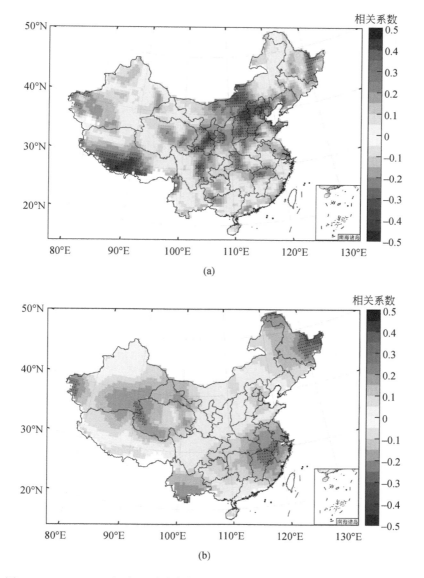

图 5.1　1921 ~ 2016 年中国夏季降水（a）及气温（b）与 ENSO 的相关关系图
点状区域表示在 0.05 显著性水平上显著相关；台湾省数据暂缺

　　在中国大部分地区，夏季气温和 ENSO 呈负相关关系，其中，中国东北地区负相关关系较为显著（Wu et al.，2010；Weng et al.，2011）。这些相关关系表明当 ENSO 为正相位时大部分地区处于冷夏，这与之前 ENSO 年我国以低温为主的研究结论较为一致（刘永强和丁一汇，1995）。厄尔尼诺期间，中国大部低温与北半球温带地区跨太平洋位势高度异常偏低有关，该位势高度异常覆盖长江以北的大部分地区（其中低压中心位于中国东北地区，也是东北地区降水偏多的原因之一）；此外，强风将高纬度地区的冷空气带入中国东北、东南和中部的大部分地区，导致了这些地区厄尔尼诺期间气温下降（Weng et al.，2011；Wei et al.，2020）。

　　基于合成分析法的结果表明（图 5.2），在厄尔尼诺期间，中国北方部分地区易发生复合高温干旱事件，其中中国东北地区 ENSO 与复合高温干旱事件之间关系显著，这与逻

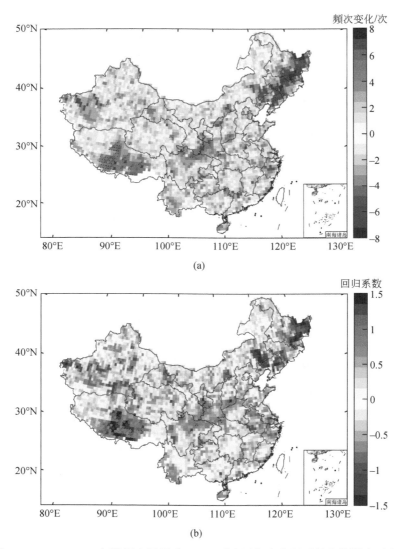

(a)

(b)

图 5.2　1921~2016 年期间中国夏季 ENSO 对中国复合高温干旱事件影响示意图

（a）和（b）分别为基于合成分析法和逻辑回归模型的结果；点状区域表示在 0.05 显著性水平上 ENSO 影响显著；
台湾省数据暂缺

辑回归模型结果基本一致。研究表明，对于中国东北地区，厄尔尼诺期间（ENSO 暖相位）该地区夏季易发生多雨和低温事件（Ouyang et al., 2014；Sun L. et al., 2017；Deng et al., 2019），而拉尼娜期间（ENSO 冷相位）往往会导致该地区发生夏季干旱事件，气温可能高于多年平均水平，易发生复合高温干旱事件（Wu et al., 2010；Hao et al., 2021）。

5.4.2　NAO

北大西洋涛动（NAO）是北大西洋地区最显著的大气环流模态，表现为两个活动中心（冰岛低压与亚速尔高压）间气压呈相反变化，通常与北大西洋急流的南北向移动有关，并且通过准定常波沿亚洲急流传播对亚洲气候产生影响（Zheng et al., 2016；Bollasina and Messori, 2018）。在中国北方大部分地区，NAO 与降水之间存在显著正相关关系，而在南方的一些地区存在负相关关系（不显著）（图5.3）。这些相关关系表明，当 NAO 处于正相位期间中国北方地区降水偏多，反之当 NAO 处于负相位期间降水偏少。其主要原因是，当 NAO 位于正相位期间，夏季在东亚地区可能会产生经向环流偶极子模式，导致东亚中部地区的位势高度降低以及下层辐合–上层辐散的模式（水汽的向上运动），为中国北方地区降水提供了有利条件（Sun and Wang, 2012）。而对于中国的江淮地区和西藏东部地区，降水和 NAO 呈负相关关系（只有小部分区域呈现显著相关），即当 NAO 处于正（负）相位时该地区倾向于出现降水减少（增多）（Linderholm et al., 2011）。这种相关关系可能与 NAO 负相位期间东亚北部异常气旋（东亚南部反气旋）有关，异常的低层西南风挟带更多的水汽导致中国中东部地区的水汽辐合带形成，从而使该地区降水偏多（Wang Z. et al., 2018）。

NAO 与气温的相关系数在中国 35°N 以北的地区（包括东北及西北大部）呈显著的负相关关系，这和 NAO 与降水的相关性呈现相反的关系（图5.3）。这表明当夏季 NAO 处于

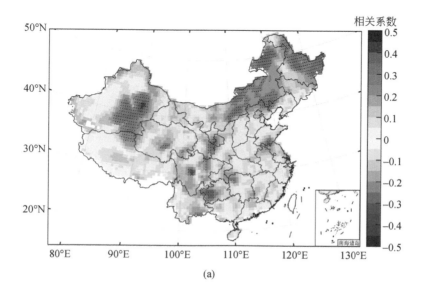

(a)

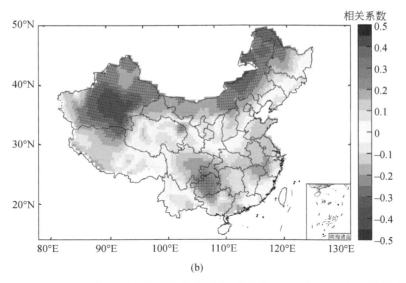

(b)

图 5.3　1921～2016 年期间中国夏季降水（a）及气温（b）与 NAO 的相关关系图
点状区域表示在 0.05 显著性水平上显著相关；台湾省数据暂缺

正相位时，中国北方地区可能出现低温天气，其中可能的物理机制是，夏季 NAO 可改变从北大西洋西部到地中海地区及亚洲高空急流入口区的环流，从而激发沿高空西风急流传播的波列，这种波列可导致东亚中部地区异常的气旋环流以及云量的增加，从而使太阳辐射减少，进而导致气温降低（Sun et al.，2008；Sun，2012）。

　　从图 5.3 可以看出，在中国北方地区 NAO 与降水呈现正相关关系，而 NAO 与气温呈负相关关系，这从侧面反映了当 NAO 处于负相位时，容易发生降雨减少以及气温升高的现象。这与图 5.4 基于合成分析法的结果一致，即 NAO 对复合高温干旱事件的显著影响主要表现在中国北方地区，当 NAO 为负相位时该地区复合高温干旱事件增多。当夏季 NAO 处于负相位时，会导致东亚地区产生经向偶极子，使东亚中部地区（部分中国地区）

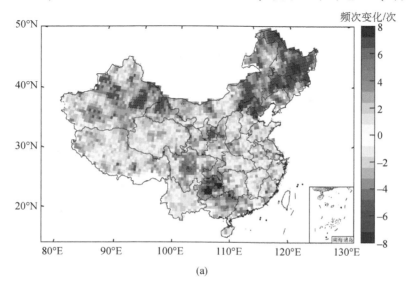

(a)

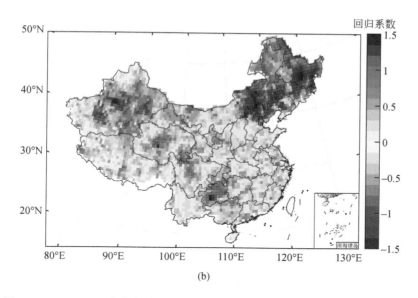

(b)

图 5.4　1921～2016 年期间中国夏季 NAO 对中国复合高温干旱事件影响示意图

（a）和（b）分别为基于合成分析法和逻辑回归模型的结果；点状区域表示在 0.05 显著性水平上 NAO 影响显著；
台湾省数据暂缺

的降水减少（Sun and Wang，2012），同时纬向波列引起异常的反气旋环流，进而导致该区域气温升高，引发该区域的复合高温干旱事件（Wu et al.，2021a）。此外，逻辑回归模型的结果显示出了与合成分析法一致的结果。

5.4.3　PDO

太平洋十年振荡（PDO）与降水和气温的相关系数如图 5.5 所示。PDO 和降水呈正相关的区域主要分布在中国东北、西北和华南部分地区，这表明当 PDO 处于正相位时，该地区降水量相对偏多。PDO 与降水负相关区域主要分布在西藏和华北部分地区，即当 PDO 处于正相位时，该地区降水量相对偏少（图 5.5）。当 PDO 处于正相位时，所产生的波列会导致中亚和东亚上空形成异常气旋系统（或低压系统），使中国北方及西北地区（如内蒙古、新疆）的降水相对偏多（Watanabe and Yamazaki，2014；Apurv et al.，2019）。另外，当 PDO 处于正相位时，蒙古国高压增强和西风急流增强，使向中国东北地区的水汽输送增加，从而导致中国东北地区降水增加（Qian et al.，2014）。其中，PDO 与中国东南地区及华北地区降水相关系数呈相反关系，即 PDO 处于正相位期间，中国东南地区降水偏多和而华北降水偏少，这可能与热带印度洋−太平洋海温异常升高所引起的东亚经向波列有关［类似于太平洋−日本遥相关型（P-J 型）或东亚−太平洋遥相关型（EAP 型）］（Qian and Zhou，2014；Si and Ding，2016；Apurv et al.，2019）。另外，一些研究表明这种东南地区（如长江流域）夏季多雨和华北夏季少雨的分布（即南涝北旱）在一定程度上与 PDO 的调节作用有关。具体而言，当 PDO 处于正相位时，异常偏高的东亚大陆海平面气压及北半球（850hPa）位势高度场异常导致向华北输送水汽量减少（使降水减少），而西太平洋副热带高压（Western Pacific Subtropical high，WPSH）的南移以及东亚夏季风（East Asia summer monsoon，EASM）减弱则使长江流域及中国东南地区的降水增加（Lei，2013；Ouyang et al.，2014；Qian et al.，2014；Qian and Zhou，2014；Yu et al.，2015）。对于气温，中国夏季 PDO 与气温之间的相关关系在大部分地区均呈负相关（除中国南部少数地区以外）（图5.5）。这表明当 PDO 处于负相位时，中国大部分地区气温偏高，这可能是由于 PDO 负相位期间北太平洋海域变暖，从而使北半球中纬度地区气温升高（Kamae et al.，2014；Du et al.，2019）。

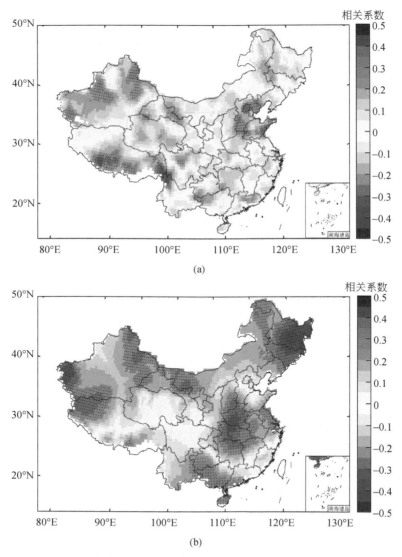

图5.5　1921~2016年期间中国夏季降水（a）及气温（b）与 PDO 的相关关系图

点状区域表示在 0.05 显著性水平上显著相关；台湾省数据暂缺

　　夏季 PDO 对复合高温干旱事件的影响如图 5.6 所示。从合成分析法的结果可以看出，PDO 对中国东北、西北部分以及东南部分地区的复合高温干旱事件有着显著的影响，即当 PDO 处于负相位时，这些地区复合高温干旱事件的发生频率偏高。其物理机制在于，当 PDO 处于负相位期间，北太平洋海表温度的异常变暖导致异常反气旋，使中国北方大陆高压增强，并削弱了高空纬向西风带，从而导致气温升高（Zhang et al.，2020），同时，这些异常环流也会导致中国北方地区降水减少，从而引发复合高温干旱事件。

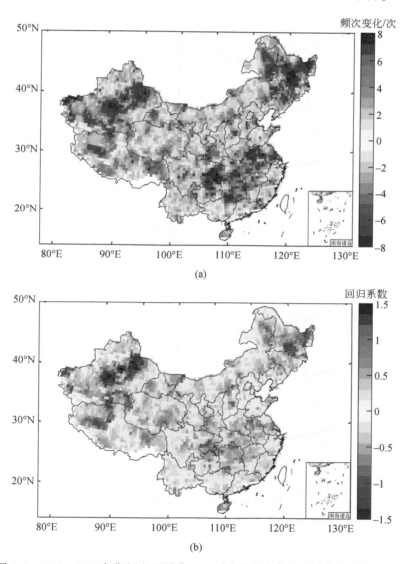

图 5.6　1921～2016 年期间中国夏季 PDO 对中国复合高温干旱事件影响示意图

（a）和（b）分别为基于合成分析法和逻辑回归模型的结果；点状区域表示在 0.05 显著性水平上 PDO 影响显著；

台湾省数据暂缺

5.4.4　AMO

夏季大西洋多年代际振荡（AMO）与降水和气温的相关系数如图 5.7 所示。AMO 与降水在中国东北、西南和华中地区呈正相关关系，即当 AMO 处于暖相位时，该区域降水偏多。研究表明这种关系可能与印度洋及西太平洋的海气作用导致东亚夏季风增强有关（Lu et al., 2006；Wang et al., 2009；Li et al., 2017）。此外，AMO 与降水呈负相关关系的地区主要集中在中国西北和华北部分地区，即 AMO 处于暖相位时这些区域降水偏少，但是相关系数在这些区域均不显著。AMO 与气温在中国的大部分地区呈显著的正相关关

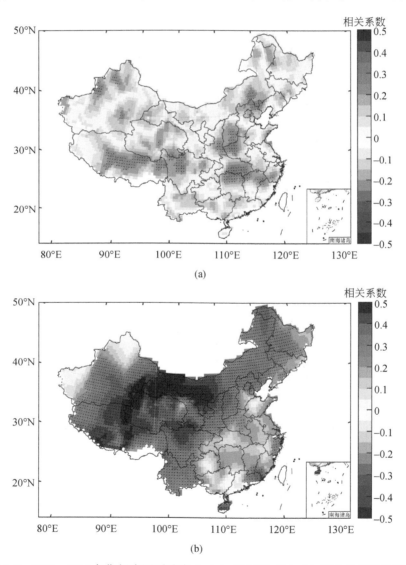

图 5.7　1921～2016 年期间中国夏季降水（a）及气温（b）与 AMO 的相关关系图

点状区域表示在 0.05 显著性水平上显著相关；台湾省数据暂缺

系（在 0.05 显著性水平上）（图 5.7），这表明当 AMO 为暖相位时，中国夏季大部分地区气温偏高（Lu et al.，2006；Wang et al.，2013），这主要与 AMO 暖相位导致欧亚大陆对流层的中高层变暖以及东亚季风增强有关（Wang et al.，2009）。AMO 对东亚气候影响主要通过两种机制来实现，即"大气桥"机制和"海洋–大气桥"耦合机制，这两种机制对应不同的路径（Li et al.，2019）。处于暖相位的 AMO 可激发从西非沿亚洲急流向东亚传播的大气遥相关模式，导致中国区域上空异常的下沉运动，从而影响气温及降水（Sun C. et al.，2017，2019），这种"大气桥"机制可以解释 AMO 暖相位期间中国大范围地区偏暖的现象。

图 5.8 合成分析法和逻辑回归模型的结果表明，AMO 对复合高温干旱事件影响主要

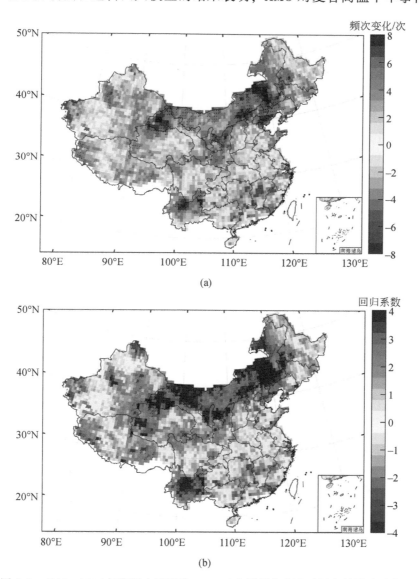

图 5.8　1921～2016 年期间中国夏季 AMO 对中国复合高温干旱事件影响示意图

（a）和（b）分别为基于合成分析法和逻辑回归模型的结果；点状区域表示在 0.05 显著性水平上 AMO 影响显著；台湾省数据暂缺

在中国北方地区，即当 AMO 处于暖相位时，中国北方地区复合高温干旱事件偏多。研究表明，当 AMO 处于暖相位期间时（北大西洋海表温度偏高），来自北大西洋西部的罗斯贝波会通过两种路径向东传播，其中一个路径是与"丝绸之路"负相位模式相似的纬向波列（从北大西洋到东亚），另一个路径则是类似于极地–欧亚遥相关型波列（从北大西洋到极地，再到东亚）（Li H. et al., 2020）。这些波列导致中国东北以及部分华北地区形成异常的反气旋中心以及高空西风急流减弱（Li H. et al., 2020；Zhang et al., 2020），这种区域尺度的环流异常为该区域降水偏少及气温偏高提供了有利条件（Li H. et al., 2018，2020；Hong et al., 2020），从而导致复合高温干旱事件发生。

5.5　本章小结

　　研究复合高温干旱事件的发生机理可以为预报预警提供理论基础。本章基于合成分析法和逻辑回归模型，从统计学的角度分析了中国区域复合高温干旱事件的驱动因素，探讨了四种大尺度气候模态（ENSO、NAO、PDO、AMO）对复合高温干旱事件的影响。研究结果表明，ENSO 对中国夏季复合高温干旱事件的影响主要集中在中国东北地区，NAO 的影响主要集中在中国西北、华北和东北地区，PDO 的影响主要集中在中国西北和东北地区，AMO 的影响区域较多，主要影响中国西北和华北地区。

　　需要注意的是，本章初步分析了气候模态对复合高温干旱事件的影响，还有一系列其他因素也可能会影响中国复合高温干旱事件。本章主要分析了单一气候模态对复合高温干旱事件的影响，未来还需要进一步研究多个因子对复合高温干旱事件的综合影响，深化对复合高温干旱事件驱动机制的认识，从而为复合高温干旱事件的预报预警提供技术支持，提高预报精度并减少其负面影响。

第6章 中国复合高温干旱事件的 历史演变特征

6.1 研究背景

自 2012 年 IPCC 报告中定义了复合事件，复合高温干旱事件的历史演变研究逐步开展起来，由于数据可获取性等原因，基于降水–温度的复合高温干旱事件的演变研究相对较多。最初的研究主要是集中在复合高温干旱事件的演变特征，初步研究结果揭示了全球大部分地区复合高温干旱事件发生频率的增加趋势（Hao et al.，2013；Mazdiyasni and Agha-Kouchak，2015）。例如，Hao 等（2013）基于降雨和温度分析了全球复合高温干旱事件发生频率的变异特征，研究表明在全球变暖背景下，该事件发生频率在多数地区呈现显著的增加趋势。近年来，随着对复合高温干旱事件研究的不断深入，复合高温干旱事件的变化趋势逐步扩展到严重程度、历时等特征（Feng et al.，2020；Mukherjee and Mishra，2021），相关研究已经在全球多个国家或者区域开展，包括美国（Mazdiyasni and AghaKouchak，2015；Alizadeh et al.，2020；Tavakol et al.，2020；McKinnon et al.，2021）、中国（Fu et al.，2009；Lu et al.，2018；Wang L. et al.，2018；Zhou and Liu，2018；Chen L. T. et al.，2019；Wu et al.，2019a；2019b，Kong et al.，2020；Yu and Zhai，2020b；Feng Y. et al.，2021）、印度（Panda et al.，2017；Sharma and Mujumdar，2017）、地中海地区（De Luca et al.，2020；Vogel et al.，2021）、巴西（Geirinhas et al.，2021）、西班牙（Morán-Tejeda et al.，2013）、澳大利亚（Kirono et al.，2017；Collins，2021）以及欧洲其他国家（Markonis et al.，2021）等。

中国地表年平均气温呈显著上升趋势，且升温速率高于同期全球平均水平，是全球气候变化的敏感区。近年来许多学者开展了中国复合高温干旱事件的历史演变特征研究，揭示了中国复合高温干旱事件发生频率总体呈上升趋势（Hao et al.，2017；Ye et al.，2019；Wu et al.，2019a）。初期复合高温干旱事件的研究，主要以气象干旱指数为基础定义复合高温干旱事件，并分析其频率、持续时间以及覆盖面积等特征的演变规律。这些研究在不同时间尺度上开展了中国区域复合高温干旱事件演变的研究，包括日尺度（Yu and Zhai，2020a，2020b）、月尺度（Wu et al.，2019b）、季节尺度（Wu X. Y. et al.，2020）、年尺度以及代际尺度（Ye et al.，2019）。近几年来，一些学者从严重程度以及发生时间等方面开展了复合高温干旱事件的历史演变研究（Wu X. Y. et al.，2019a，2020；Zhang et al.，2022b）。Wu X. Y. 等（2020）根据月降水量和气温计算了复合高温干旱事件的严重程度指数，评估 1961～2012 年暖季中国复合高温干旱事件的严重程度变化特征，结果表明中国大部分地区复合高温干旱事件的严重程度显著增加，其中温度上升是主要影响因素。Zhang 等（2022b）定义了复合高温干旱事件发生频率、历时、严重性、量级、发生时间五个特征，评估中国夏季不同气候区的复合高温干旱事件的时空变化特征，研究发现中国地区复合高温干旱事件整体上变得更频繁、历时更长、更严重、量级更大且更早发生；从空间上看，东北至西南一带复合高温干旱事件的发生频率、历时、严重性均明显增加，但是部分中东部地区有减少趋势。

近几年来，随着对复合高温干旱事件认识的加深，一些学者从不同干旱指数（包括农业与水文干旱）的角度进一步分析中国复合高温干旱事件的变化（Feng et al., 2022; Zhang et al., 2022a）。基于全球陆地数据同化系统（Global Land Data Assimilation System, GLDAS）中的夏季气温和模拟的土壤湿度产品，Zhang 等（2022a）研究了 1949~2014 年期间中国东部区域复合高温-农业干旱事件的变化特征，结果表明除华中地区外，东北、华北和华南地区的复合高温干旱事件发生频率增加（分别增加 125%、160% 和 83%），对于大多数地区来说，温度升高是复合高温干旱事件增加的主要驱动因素，但是在中国东北地区，增强的土壤水分-温度相关性在复合高温干旱事件增加中起着重要作用。基于以径流为基础的水文干旱指数，Feng 等（2022）研究了 1961~2016 年滦河流域复合高温-水文干旱事件的变化，结果表明与 1961~1988 年时期相比，流域 1989~2016 年期间复合事件的频率增加了 160%，温度对此类复合事件的变化起着重要作用，平均贡献率为 57.57%。

由于干旱指标复杂性，基于不同干旱指标的复合高温干旱事件的演变结果可能存在差异。如对于一些基于蒸散发的干旱指标，不同潜在蒸散发的计算方法以及不同水分供需平衡的表征方法都会对干旱的评估产生重要影响，进而影响到复合高温干旱事件的评估。Zhang 等（2022b）采用国家气象信息中心提供的气象站观测资料，计算常用的干旱指数（SPI、SPEI 以及 PDSI，其中 SPEI 和 PDSI 的蒸散发分别基于 Thornthwaite 与 Penman-Monteith 公式），结合日最高温数据，评估了中国区域夏季复合高温干旱事件的时空变化特征，探究不同气候区干旱指标对评估复合高温干旱事件的影响，结果表明在干旱区基于不同干旱指标计算的复合高温干旱事件的变化特征差异较大，甚至可能出现相反的变化趋势；而在湿润区不同干旱指数对结果的影响相对较小。一些学者也考虑了不同的温度指数，如 Feng Y. 等（2021）基于月降水和日间-夜间最高气温，研究了 1957~2018 年中国日间和夜间复合高温干旱事件频率的变化趋势，结果表明全国总体上两种复合事件均呈增加趋势，且夜间复合事件的增长幅度更大（是日间复合事件增幅的 2.6 倍）。

6.2　数据和方法

6.2.1　气象数据

本章中采用数据与第 2 章相同，均为格点化气象数据集 CN05.1（吴佳和高学杰，2013），历史研究时段为 1961~2018 年。通过 SPI、SPEI 和 scPDSI 三个干旱指数评估干旱变化，具体计算方法见第 2 章。

6.2.2　复合高温干旱事件的特征定义方法

本章主要研究中国夏季（6～8月）复合高温干旱事件，基于三种干旱指数（SPI、SPEI和scPDSI）结合日最高气温计算复合高温干旱事件。干旱事件定义在月尺度上，以不同干旱指数表征每个月的干旱情势，以所有年份每个月干旱指数的第50百分位数作为干旱阈值，干旱指数小于等于干旱阈值的月定义为干旱月。高温事件定义在日尺度上，以所有年份每个月日最高气温的第90百分位数作为当月的高温阈值，当日最高气温超过高温阈值时称为高温日。复合高温干旱事件定义为干旱月份同时发生高温的事件（Zscheischler and Seneviratne，2017；Mukherjee and Mishra，2021；武新英等，2021）。复合高温干旱事件的发生日数、频次和持续时间均定义为发生在干旱月上的高温事件的发生日数、频次和持续时间。对于复合高温干旱事件的严重程度，采用标准化复合事件指数（SCEI），该指数基于月尺度干旱指数和平均气温的联合分布函数计算（Hao et al.，2019a）。

6.2.2　贡献分析方法

复合高温干旱事件的变化是降水和气温变化共同作用的结果。本章以标准化复合事件指数（SCEI）为例，使用多元线性回归模型来研究降水量和温度对SCEI趋势的贡献（Wu X. Y. et al.，2020）。该方法的回归方程如下（Cheng et al.，2015；Wang et al.，2016；Bai et al.，2019）：

$$R = a \times P + b \times T + c \qquad (6.1)$$

式中，R 为复合高温干旱事件的强度；P 和 T 分别为降水量和温度；a 和 b 为相应的回归系数；c 为常数项。

根据方程式（6.1），降水量和温度的变化对复合高温干旱事件强度变化的贡献可计算为

$$CP = (a \times \Delta P)/\Delta R \times 100\% \qquad (6.2)$$
$$CT = (b \times \Delta T)/\Delta R \times 100\% \qquad (6.3)$$

式中，CP和CT分别为降水量和温度对复合高温干旱事件严重程度变化的贡献；ΔR、ΔP、ΔT分别为前10年和最近10年的平均R、P、T之差。降水量和温度的相对贡献可以通过CP和CT的绝对值分别除以二者绝对值之和计算得到。

6.3　历史演变结果

本章从复合高温干旱事件多特征（发生日数、频次、持续时间、严重程度）的角度分析其时空变化规律。计算方法为将研究时段划分为相等的两个时段1961～1989年和1990～2018年（每个时段29年），在每个格点上用后一时段复合高温干旱事件的特征平均值减前一时段特征平均值，得到不同特征在两个时段变化的空间分布。同时计算复合高温干

旱事件特征的区域平均值的时间变化趋势，并基于 Mann-Kendall 法进行趋势检验。

6.3.1　发生日数时空变化

图 6.1～图 6.3 为基于不同干旱指数的复合高温干旱事件发生日数的时空变化。从空间变化来看，基于不同干旱指数的复合高温干旱事件在中国大部分地区都呈现增加趋势，尤其是在东北至西南一带，增加较为明显。中东部的部分地区发生日数有减少趋势，减少幅度相对较小，这可能与该地区夏季气温降低和降水增加有关（Bai et al.，2019；Yu and Zhai，2020b；Zhang et al.，2022b）。不同干旱指数呈现的变化幅度不同，尤其是在西北地

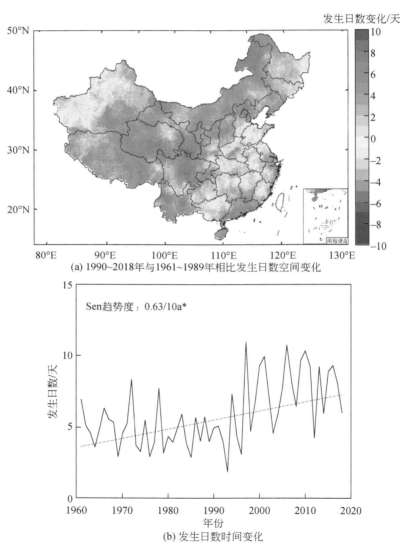

(a) 1990~2018年与1961~1989年相比发生日数空间变化

(b) 发生日数时间变化

图 6.1　基于 SPI 的 1961～2018 年中国复合高温干旱事件发生日数（a）空间变化和（b）

时间变化趋势图

* 表示通过 α=0.05 的显著性检验；台湾省数据暂缺

区差异较大。例如，基于 scPDSI 的复合高温干旱事件在我国新疆地区减少，而基于 SPEI
的复合高温干旱事件结果显示在该区域增加，这说明干旱指标对复合高温干旱事件变化评
估的影响不可忽视。从区域平均特征值的时间变化来看，基于不同干旱指数的中国复合高
温干旱事件平均发生日数均呈现增长趋势，且均通过 $\alpha = 0.05$ 显著性检验。尤其是 1990
年后，发生日数相比之前的时期明显偏多，这可能与 20 世纪 90 年代之后高温热浪大幅增
加有关（Ding et al., 2010；Qi and Wang, 2012；Wu X. Y. et al., 2020）。其中，考虑气温
（或潜在蒸散发）的干旱指数结果显示复合高温干旱日数增加更为明显，具体来说，基于
SPEI 的发生日数增加最大，其次是 scPDSI，基于 SPI 的复合高温干旱事件发生日数增长最

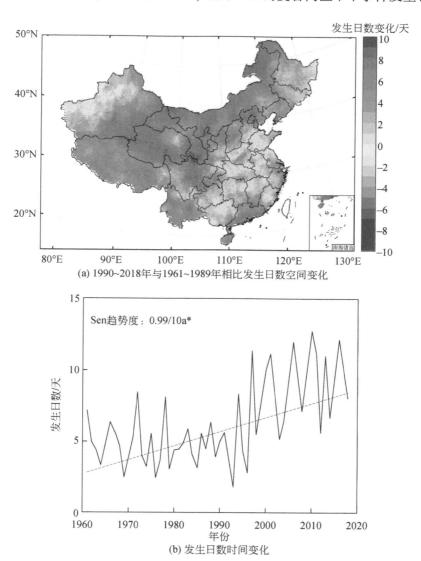

(a) 1990~2018年与1961~1989年相比发生日数空间变化

(b) 发生日数时间变化

图 6.2　基于 SPEI 的 1961~2018 年中国复合高温干旱事件发生日数（a）空间变化和（b）
时间变化趋势图

＊表示通过 $\alpha = 0.05$ 的显著性检验；台湾省数据暂缺

小。其原因可能是采用 Thornthwaite 方法计算潜在蒸散发时，SPEI 可能高估气温升高对干旱变化的影响（杨庆等，2017），从而影响对复合高温干旱事件变化的评估（Zhang et al.，2022b）。在气候变暖的背景下，仅考虑降水的干旱指数可能低估复合高温干旱事件的变化趋势或者幅度。

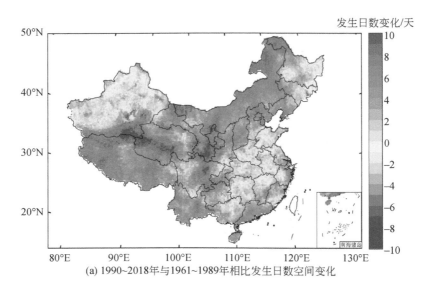

(a) 1990~2018年与1961~1989年相比发生日数空间变化

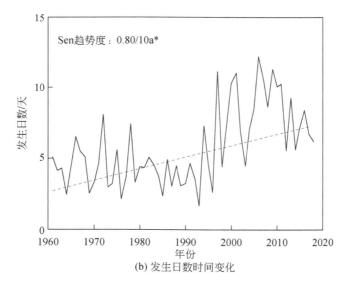

(b) 发生日数时间变化

图 6.3　基于 scPDSI 的 1961～2018 年中国复合高温干旱事件发生日数（a）空间变化和（b）时间变化趋势图

*表示通过 $\alpha=0.05$ 的显著性检验；台湾省数据暂缺

6.3.2　发生频次时空变化

　　图 6.4 ~ 图 6.6 为基于不同干旱指数的复合高温干旱事件发生频次的时空变化。从空间变化看，发生频次的时空变化特征与发生日数较为相似，中国大部分区域复合高温干旱事件发生频次呈现增加趋势，中部和西北部分地区发生频次减少。从时间变化看，基于不同干旱指数的中国区域复合高温干旱事件平均发生频次呈现增长趋势，且均通过 $\alpha = 0.05$ 显著性检验。基于 SPEI 和 scPDSI 的复合高温干旱事件频次增长幅度（0.31 次/10a、0.28 次/10a）明显高于基于 SPI 的增长幅度（0.18 次/10a），其原因可能是由于 SPEI 和 scPDSI 指数考虑了温度的影响。

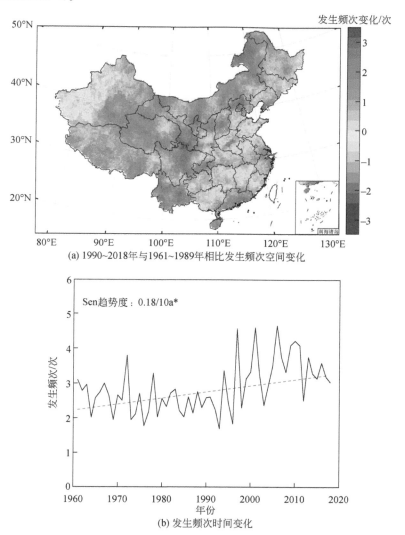

(a) 1990~2018年与1961~1989年相比发生频次空间变化

(b) 发生频次时间变化

图 6.4　基于 SPI 的 1961 ~ 2018 年中国复合高温干旱事件发生频次（a）空间变化和（b）时间变化趋势图

* 表示通过 $\alpha = 0.05$ 的显著性检验；台湾省数据暂缺

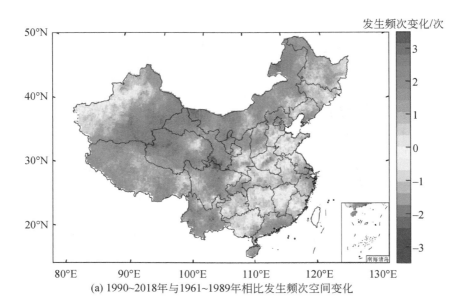

(a) 1990~2018年与1961~1989年相比发生频次空间变化

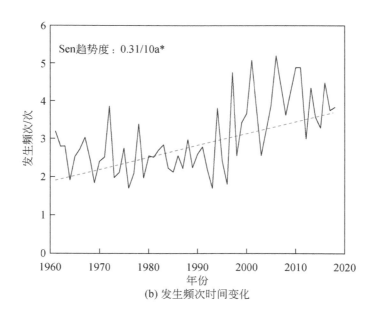

(b) 发生频次时间变化

图 6.5　基于 SPEI 的 1961～2018 年中国复合高温干旱事件发生频次 (a) 空间变化和 (b) 时间变化趋势图

* 表示通过 α=0.05 的显著性检验；台湾省数据暂缺

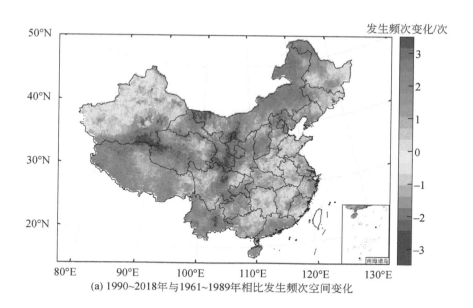

(a) 1990~2018年与1961~1989年相比发生频次空间变化

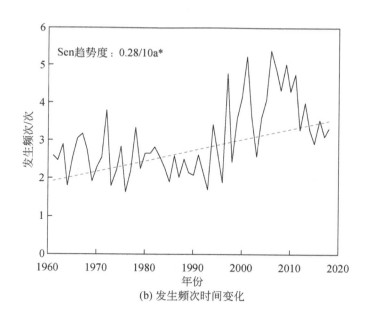

(b) 发生频次时间变化

图 6.6　基于 scPDSI 的 1961～2018 年中国复合高温干旱事件发生频次（a）空间变化和（b）
时间变化趋势图

*表示通过 α=0.05 的显著性检验；台湾省数据暂缺

6.3.3　持续时间时空变化

图6.7~图6.9为基于不同干旱指数的复合高温干旱事件持续时间的时空变化。从空间变化看，基于SPI的结果显示中国东北至西南一带、华南部分地区复合高温干旱事件持续时间增加，西北、华中、华东部分地区持续时间减小；基于SPEI的结果显示，除华中、华东部分地区外，大部分地区持续时间增加；基于scPDSI的结果显示，持续时间减少的区域较多，涉及东北、西北、西南、华中、华东部分地区。从时间变化看，基于不同干旱指数的中国区域复合高温干旱事件平均持续时间均呈现增长趋势，且均通过 $\alpha=0.05$ 显著性检验，基于SPEI的持续时间增加最多，其次是基于SPI，基于scPDSI的持续时间增加最少。

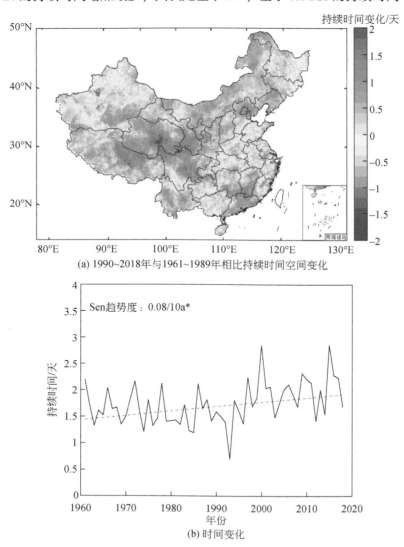

(a) 1990~2018年与1961~1989年相比持续时间空间变化

(b) 时间变化

图6.7　基于SPI的1961~2018年中国复合高温干旱事件持续时间 (a) 空间变化和 (b) 时间变化趋势图

* 表示通过 $\alpha=0.05$ 的显著性检验；台湾省数据暂缺

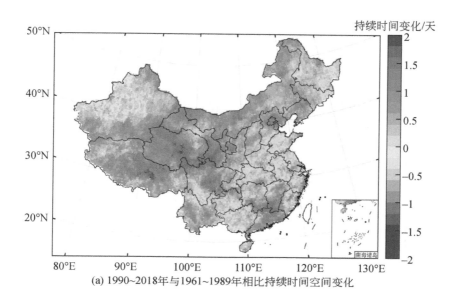

(a) 1990~2018年与1961~1989年相比持续时间空间变化

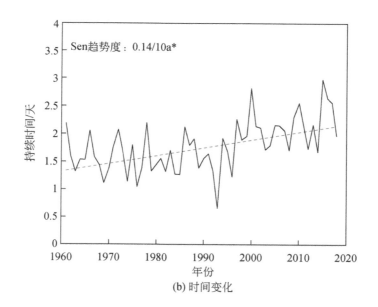

(b) 时间变化

图 6.8　基于 SPEI 的 1961~2018 年中国复合高温干旱事件持续时间（a）空间变化和
（b）时间变化趋势图

* 表示通过 α=0.05 的显著性检验；台湾省数据暂缺

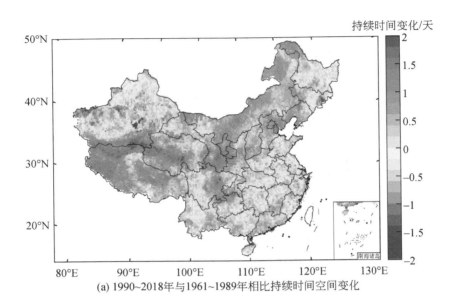

(a) 1990~2018年与1961~1989年相比持续时间空间变化

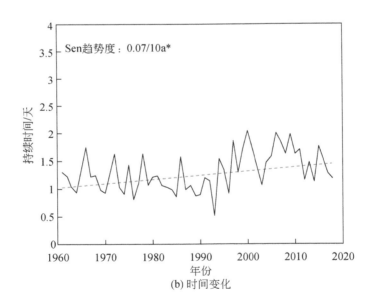

(b) 时间变化

图6.9　基于scPDSI的1961~2018年中国复合高温干旱事件持续时间（a）空间变化和
（b）时间变化趋势图

*表示通过 α=0.05 的显著性检验；台湾省数据暂缺

6.3.4　严重程度时空变化

图 6.10 ～图 6.12 为基于不同干旱指数的复合高温干旱事件严重程度的时空变化。从空间变化看，基于不同干旱指数的结果均显示中国大部分地区复合高温干旱事件严重程度增加，仅在华中、华东等部分地区减小（包括长江中下游地区）。从时间变化看，基于不同干旱指数的中国区域复合高温干旱事件平均严重程度均呈现增强趋势，且均通过 $\alpha =$ 0.05 显著性检验，其中基于 SPEI 的复合高温干旱严重程度增加最明显，这可能是因为 SPEI 对气温升高更敏感。

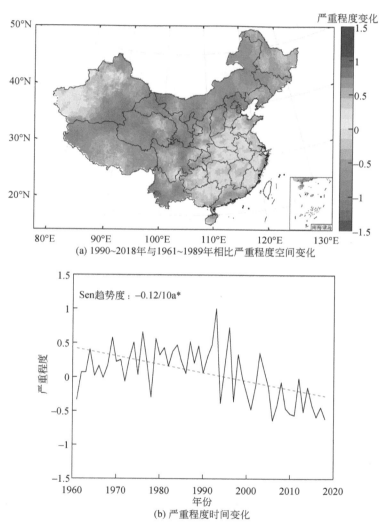

(a) 1990~2018年与1961~1989年相比严重程度空间变化

(b) 严重程度时间变化

图 6.10　基于 SPI 的 1961～2018 年中国复合高温干旱事件严重程度（a）空间变化和（b）时间变化趋势图

*表示通过 $\alpha =0.05$ 的显著性检验；台湾省数据暂缺

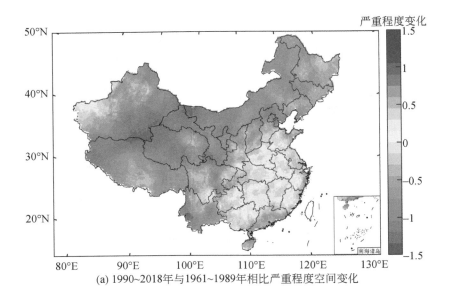

(a) 1990~2018年与1961~1989年相比严重程度空间变化

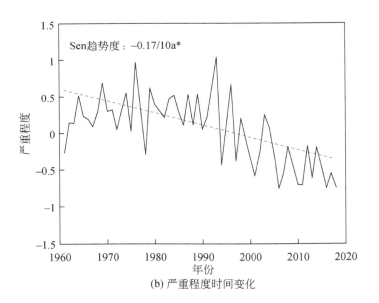

(b) 严重程度时间变化

图6.11　基于SPEI的1961~2018年中国复合高温干旱事件严重程度（a）空间变化和
（b）时间变化趋势图

*表示通过 α=0.05 的显著性检验；台湾省数据暂缺

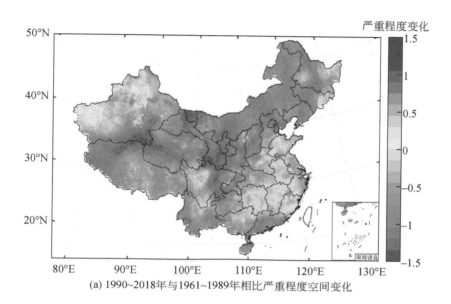

(a) 1990~2018年与1961~1989年相比严重程度空间变化

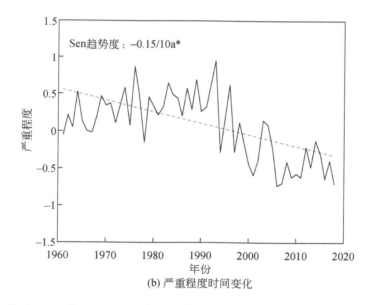

(b) 严重程度时间变化

图 6.12　基于 scPDSI 的 1961～2018 年中国复合高温干旱事件严重程度（a）空间变化和
（b）时间变化趋势图

*表示通过 $\alpha=0.05$ 的显著性检验；台湾省数据暂缺

图 6.13 为气温和降水对复合高温干旱事件严重程度变化的相对贡献（SPEI 和 scPDSI 指数中包括了温度，因此仅考虑干旱指数为 SPI 的情况），研究结果表明中国大部分地区复合高温干旱事件严重程度增加是气温升高主导的，如中国东北及西南许多地区温度的影响超过 60%，华北和西南部分地区降水减少也起到了一定作用。而华中、华东部分地区复合高温干旱事件严重程度减弱是降水增加主导。

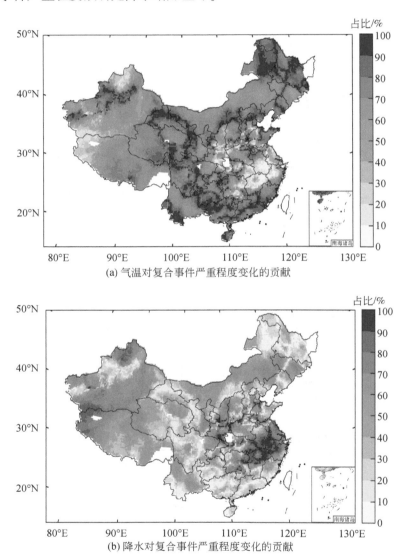

(a) 气温对复合事件严重程度变化的贡献

(b) 降水对复合事件严重程度变化的贡献

图 6.13　气温和降水对复合高温干旱事件严重程度变化的贡献示意图（干旱指数为 SPI）

台湾省数据暂缺

6.4　本 章 小 结

　　本章基于多个月尺度干旱指数（SPI、SCPEI、scPDSI）和日最高气温数据提取了复合高温干旱事件，分析了中国区域 1961～2018 年夏季复合高温干旱事件的发生日数、频次、持续时间和严重程度的时空变化特征。与 1961～1989 年相比，1990～2018 年中国大部分地区复合高温干旱事件呈现不同程度的增加，尤其是在东北至西南一带，复合高温干旱事件的发生日数、频次、持续时间均表现增加，同时发生严重程度也增强；而在华中、华东等部分地区，不同特征则呈现一定的减少趋势。在时间变化上，1961～2018 年中国区域复合高温干旱事件区域平均发生日数、频次、持续时间均显著增加，严重程度显著增强，基于不同干旱指数的结果均呈现显著的变化趋势。气温升高主导了中国大部分地区复合高温干旱事件严重程度的增加，而华中、华东等部分地区严重程度减弱则可能与降水增加有关。研究表明不同干旱指数对复合高温干旱事件变化规律的影响不可忽视，值得后续进一步探讨。

第 7 章　CMIP6 模式对中国复合高温干旱事件模拟评估

7.1　研　究　背　景

工业革命以来，全球气候显著变暖，气候变化正以多种形式影响着气候系统的各个圈层，成为全人类面临的共同问题（翟盘茂等，2021）。气候模式是认识过去气候系统演变规律与机理、开展未来气候预估以及支撑应对气候变化相关政策和措施的重要工具。自 20 世纪 90 年代中期以来，世界气候研究计划（World Climate Research Programme，WCRP）组织的国际耦合模式比较计划（Coupled Model Intercomparison Project，CMIP）综合了全世界多个模式团队的气候模式试验，为气候变化研究做出了重要贡献。利用 CMIP 各阶段的研究结果形成的论文，大概 5 年一次会颁布政府间气候变化专门委员会（IPCC）科学评估报告（周天军等，2014）。该计划经历了 CMIP1、CMIP2、CMIP3、CMIP5 几个阶段的发展，目前已发展到第六阶段（CMIP6），提供了时间长、内容广泛的模式资料库，模式性能相比上一代更贴近真实情景，是目前最先进的全球气候模式，为评估和应对全球气候变化提供了有力科学支撑（周波涛，2021；Liu et al.，2022）。

气候模式的评估研究对于进一步理解并提高气候模式的模拟性能具有重要意义，可以帮助研究人员选取模拟性能较好的模式和集合进行气候变化的模拟和预估研究（胡芩等，2014）。目前，已有大量研究评估气候模式在全球和区域上对降水、温度以及极端事件的模拟性能（Di Luca et al.，2020；Fan et al.，2020；Seneviratne and Hauser，2020；Abdelmoaty et al.，2021；Li et al.，2021a）。例如，在全球尺度上，基于观测数据和再分析数据，Fan 等（2020）使用 16 个气候极端指数（阈值指数、持续时间指数、百分位指数等）从空间分布和年际变化上评估了 CMIP5、CMIP6 模式的表现，结果表明，CMIP6 基本上可以捕捉极端温度的空间分布和时间变化，相比于 CMIP5 模式，其在模拟阈值指标上有所提高，但是 CMIP5、CMIP6 模式在模拟持续时间指数和百分位指数的空间分布方面表现欠佳。中国是受气候变化影响最大的国家之一，应用最新的 CMIP6 模式进行气候变化的模拟评估，分析模式在中国区域的适用性，有助于气候变化归因和未来预估研究，从而为制定应对全球气候变化的适应性措施提供支撑。目前已有部分研究评估了 CMIP6 对中国区域气温和降水的模拟效果。例如，Yang X. L. 等（2021）研究表明 CMIP6 全球气候模式对中国区域气温和降水气候态的空间分布模拟较好，大多数模式能合理模拟出气温和降水的年际变化（除了冬季降水）。Jiang 等（2020）指出从 CMIP5 到 CMIP6，气温和降水气候态的模拟效果有一定提升，但对年际变化的模拟改进不大。CMIP6 可以捕捉到中国区域各个季节气温变化趋势，但相比观测值存在一定程度的低估（You et al.，2021）；而对降水趋势的模拟尚存在不可忽视的偏差，尤其是对中国东部降水趋势模拟的效果较差（Xin et al.，2020）。Zhu H. H. 等（2020）评估了历史时期（1961～2005 年）CMIP5 和 CMIP6 气候模式模拟中国气候极端指数的表现，结果表明 CMIP6 相比于 CMIP5 在模拟中国气候指数上效果有所提升，CMIP6 多模式平均可以捕捉到中国年均温、日最高温和日最低温的空间分布，但是在模拟极端降水指数上仍存在不足。

本章应用 CMIP6 多模式集合比较观测和模拟的中国区域夏季复合高温干旱事件气候态和时空变化趋势。

7.2　数据和方法

本章观测数据来自格点化气象数据集 CN05.1（1961～2018 年），数据空间分辨率为 0.25°×0.25°。模拟数据来源于 CMIP6 气候模式的历史试验数据，共采用 13 个模式。模式对历史气候的模拟时段为 1850～2014 年，本章的评估时段选取观测和模拟的共同时段（1961～2014 年）。由于数据分辨率不同，将观测和模式数据均插值到 0.5°×0.5° 的空间分辨率。气候变量选取月降水量和月平均气温。由于模式对物理过程的描述存在差异，不同模式模拟效果不同。本章通过对多模式求等权重算术平均，从而减小模拟结果的不确定性。当超过 75% 的模式呈现同向变化时（即同号率>75%），认为模式对此类事件变化模拟的一致性相对较高，模式带来的不确定性较小。

本章将复合高温干旱事件定义为夏季同时发生干旱和高温事件（6～8 月）（Zscheischler and Seneviratne，2017；Wu et al.，2021c），即夏季累积降水量小于等于第 30 百分位数和夏季平均气温高于第 70 百分位数（$P \leqslant P_{30}$ 和 $T > T_{70}$，即阈值组合 P_{30} 和 T_{70}）。此外，为了增加样本量，减小不确定性（Hao and Singh，2020），也采用了另一组阈值组合 P_{50} 和 T_{50}。复合高温干旱事件的发生频率通过发生次数除以总季节数计算得到。为表征空间变化，将研究期划分为两个相等的子时间段（即 1988～2014 年与 1961～1987 年）。每个格点上复合高温干旱事件发生频率变化通过后半段频率减前半段频率得到（单一高温、干旱事件变化同理）。同时计算了复合高温干旱事件覆盖面积的年序列时间变化，其中覆盖面积定义为发生该事件的格点数除以区域总格点数。

7.3　模式模拟评估结果

7.3.1　降水和气温的气候态模拟

首先评估 CMIP6 对中国区域夏季气温和降水气候态的模拟效果。图 7.1 为夏季多年平均气温的观测和模拟结果，可以看出模式模拟的夏季气温空间分布与观测整体相似，但在青藏高原地区存在一定的冷偏差。图 7.2 为夏季多年平均降水量的观测和模拟结果，观测到降水自东南向西北减少，这种空间分布可以较好地被模式捕捉到，但模式在华南以及西南地区对降水量存在一定高估。总体来说，CMIP6 全球气候模式能够较好地再现中国区域观测气温和降水气候态的空间分布（Yang X. L. et al., 2021）。

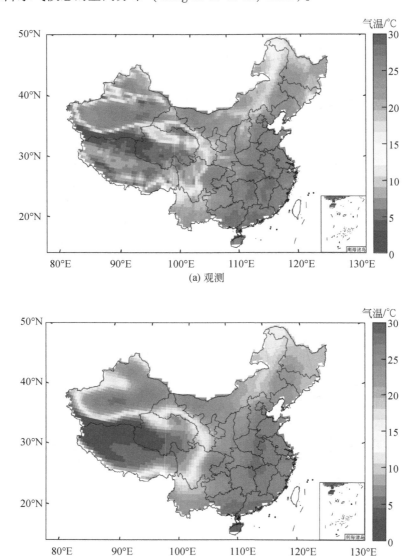

(a) 观测

(b) 模拟

图 7.1　1961~2014 年观测和模拟的中国夏季多年平均气温分布图
台湾省数据暂缺

7.3.2　降水和气温相关性的评估

降水和气温之间的相关性对于高温和干旱事件并发的可能性具有重要影响，夏季降水和气温之间的显著负相关性使复合高温干旱事件在这一季节相对更易发生（Hao et al., 2017；Zscheischler and Seneviratne, 2017；Wang et al., 2021a；Zhang et al., 2022a）。因此对模式降水和气温相关性的评估对于理解复合高温干旱事件的模拟效果具有重要意义。图 7.3 为观测和模拟的夏季降水和气温相关系数空间分布图。除青藏高原部分地区外，中国夏季降水和气温之间均呈负相关关系。尽管存在一定低估（青藏高原地区存在明显偏差），但是模式能够较好捕捉到整体上负相关的特征。由于气候模式的空间分辨率相对较低，模拟的降水和气温相关性比观测更为平滑，局部的特征难以精细刻画。

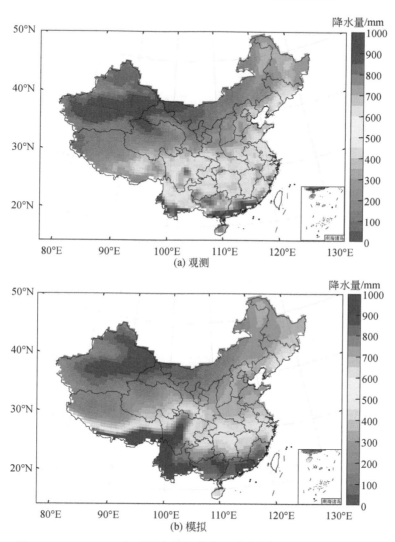

图 7.2　1961～2014 年观测和模拟的中国夏季多年平均降水量分布图
台湾省数据暂缺

7.3.3　复合高温干旱事件发生频率评估

基于两种阈值组合定义的观测和模拟的复合高温干旱事件频率空间分布如图 7.4 所

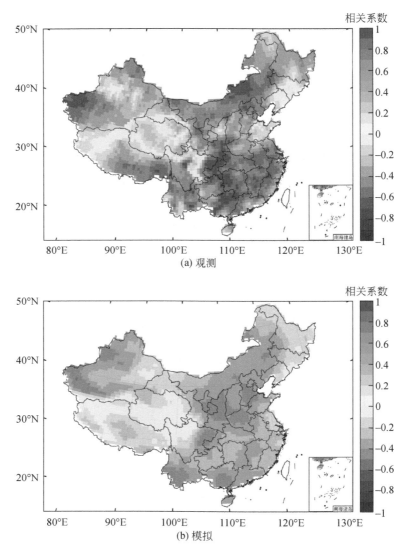

图 7.3　1961～2014 年观测和模拟的中国夏季降水和气温相关系数分布图
台湾省数据暂缺

示。观测表明复合高温干旱事件在华北和华南等地区发生频率较高，模式整体上可以模
拟出观测的空间分布规律，尤其是华北地区复合高温干旱事件相对频发的特征，但对于
西南地区的发生频率存在明显低估。另外由于多模式取平均值，在一定程度上消减了模
拟结果的空间差异。基于不同阈值的结果具有相似的空间分布特征，表明了研究结果具
有一定的稳健性。总体来说，CMIP6 气候模式可以实现对复合高温干旱事件气候态的有
效评估。

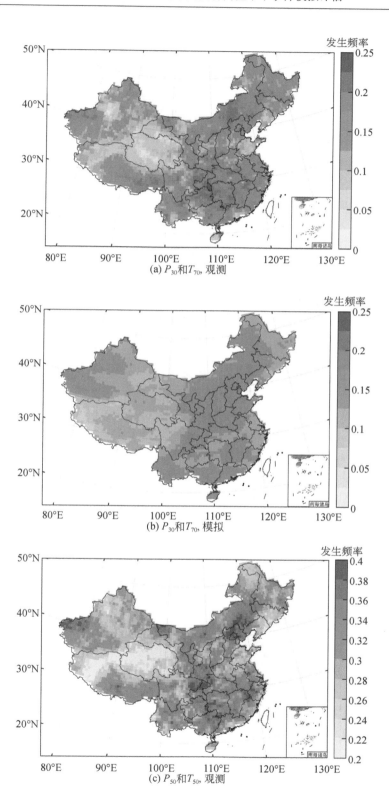

(a) P_{30} 和 T_{70}, 观测

(b) P_{30} 和 T_{70}, 模拟

(c) P_{50} 和 T_{50}, 观测

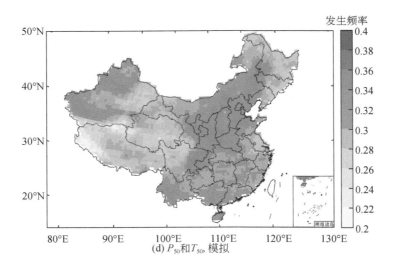

(d) P_{50}和T_{50},模拟

图 7.4　1961～2014 年基于两种阈值组合观测和模拟的中国夏季复合高温干旱事件发生频率分布图
台湾省数据暂缺

7.3.4　单一高温、单一干旱事件发生频率变化评估

除了对夏季气温、降水气候态的评估,本章也评估了基于气温和降水的中国区域夏季高温和干旱事件的空间变化。图 7.5 为基于两种温度阈值 T_{70} 和 T_{50} 的高温事件频率变化,可以看出观测到中国大部分地区(91.31% 和 93.92%)高温事件都呈现增长趋势,尤其是西北地区增长明显。但华中地区高温发生频率却减少,这可能与灌溉引起的夏季气温降低有关(Kang and Eltahir,2019;Wu et al.,2019a)。模式模拟结果显示几乎所有区域高温事件都呈现增加趋势,且多模式模拟的一致性较高。模拟与观测相似的是西北地区增加更多,但模式并不能模拟出华中地区高温事件减少的趋势。

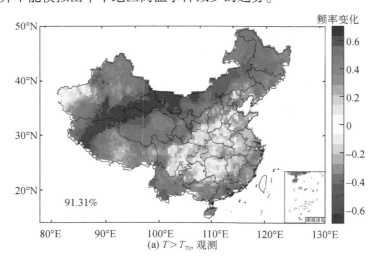

(a) $T>T_{70}$,观测

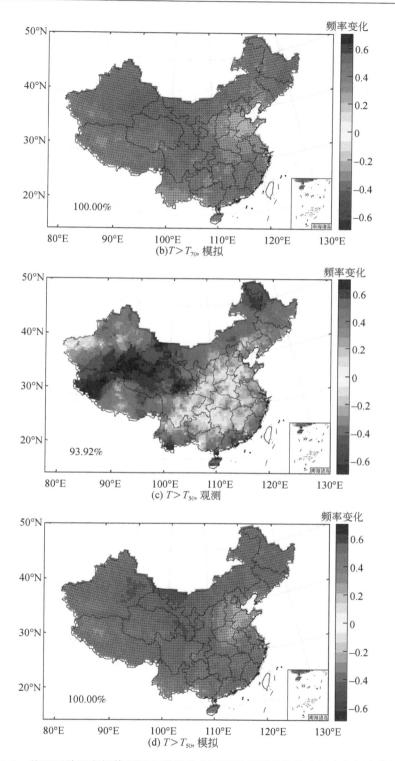

图 7.5　基于两种温度阈值观测和模拟的中国夏季高温事件发生频率空间变化图

频率变化为 1988~2014 年与 1961~1987 年频率之差；左下角百分比表示频率增加的格点数占所有格点数的比例；

黑点表示超过 75% 的模式表现出同向的变化；台湾省数据暂缺

　　图 7.6 为基于两种降水量阈值（P_{30} 和 P_{50}）的干旱事件频率变化，结果表明干旱增加的区域较少（30.54% 和 34.51%），主要分布在华北和西南地区，这与该地区自 20 世纪 60 年代以来夏季降水显著减少有关（刘珂和姜大膀，2015）。其他地区干旱事件则减少，西北和华东地区减少较多，与该地区夏季降水增加有关。与观测一致的是，模拟的干旱事件呈现增加的区域也较少（42.97% 和 44.53%），且均在西南地区增加，西部减少。但干旱事件空间变化的模拟结果与观测整体存在较大偏差，尤其是华东和华南部分地区，模拟的干旱事件增加，这与观测结果相反。多模式模拟的干旱事件变化趋势一致性较低。已有研究指出 CMIP6 对中国降水趋势模拟并不理想（Xin et al.，2020），这与本节结果较为一致。总体来说，CMIP6 模式能够较好地模拟出中国大部分地区高温事件的变化趋势，部分地区存在偏差，而对干旱事件变化趋势的整体模拟能力有明显不足，这些偏差将会进一步传递到对复合高温干旱事件变化的评估中。

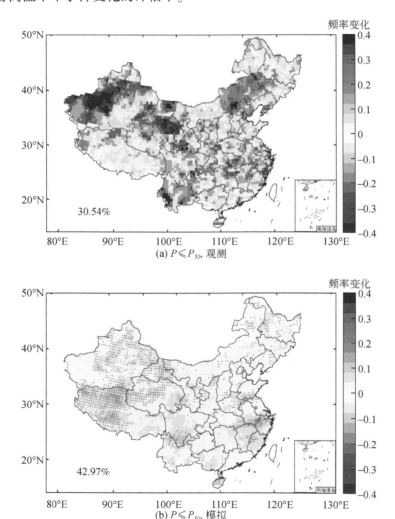

(a) $P \leqslant P_{30}$, 观测

(b) $P \leqslant P_{30}$, 模拟

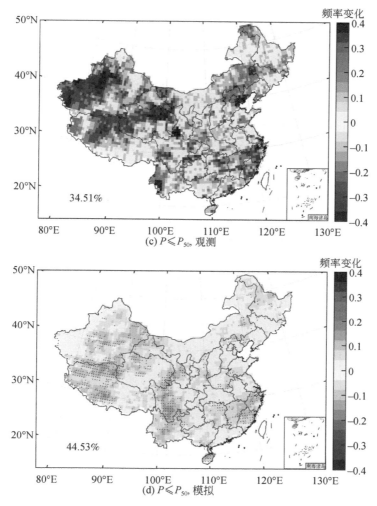

图 7.6　基于两种降水量阈值观测和模拟的中国夏季干旱事件
发生频率空间变化图

频率变化为 1988～2014 年与 1961～1987 年频率之差；左下角百分比表示频率增加的格点数占所有格点数的比例；
黑点表示超过 75% 的模式表现出同向的变化；台湾省数据暂缺

7.3.5　复合高温干旱事件发生频率空间变化评估

　　模式对复合高温干旱事件变化的模拟效果受到模式对气温、降水趋势模拟效果的共同影响。图 7.7 为观测和模拟的基于两种阈值组合的夏季复合高温干旱事件发生频率空间变化。观测到复合高温干旱事件在大部分地区（79.46% 和 80.97%）呈现增加趋势，华北和西南地区增加较多，这与该地区高温事件和干旱事件均增加有关。华中和华东部分地区呈减少趋势。模式能够模拟出复合高温干旱事件在大部分地区（88.78% 和 88.02%）增加的趋势，但与观测结果在空间分布上存在一定偏差。模拟的复合高温干旱事件在华中和

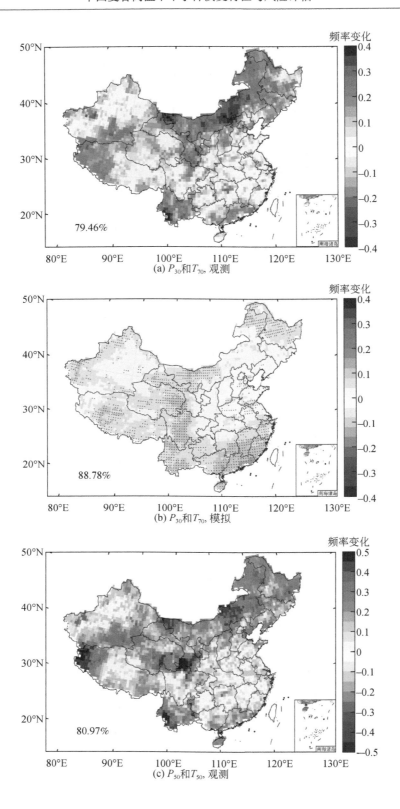

(a) P_{30} 和 T_{70}, 观测

(b) P_{30} 和 T_{70}, 模拟

(c) P_{50} 和 T_{50}, 观测

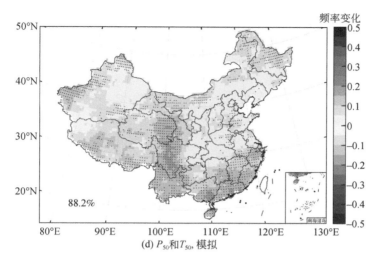

(d) P_{50} 和 T_{50}, 模拟

图 7.7　基于两种阈值组合观测和模拟的中国夏季复合高温干旱事件发生频率空间变化图
频率变化为 1988～2014 年与 1961～1987 年频率之差；左下角百分比表示频率增加的格点数占所有格点数的比例；
黑点表示超过 75% 的模式表现出同向的变化；台湾省数据暂缺

华东部分地区有减少趋势，但这些区域多模式模拟的一致性相对较低。基于不同阈值的结果具有相似的空间分布特征，表明了研究结果具有一定的稳健性。总体来说，CMIP6 模式可以模拟出中国复合高温干旱事件整体的空间变化，但在部分地区偏差较大。

7.3.6　复合高温干旱事件覆盖面积时间变化评估

本章最后分析了中国区域复合高温干旱事件覆盖面积的时间变化（图 7.8，图 7.9）。可以看出模式模拟结果可以较好地再现出基于不同阈值的复合高温干旱事件覆盖面积的时间变化。观测与模拟的趋势值较为接近，均呈增长趋势，且均通过 0.01 的显著性检验。

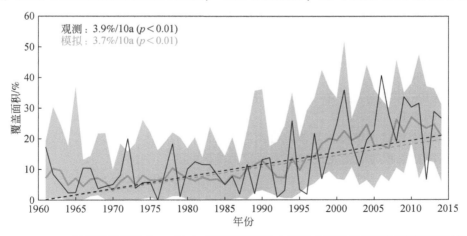

图 7.8　1961～2014 年基于阈值组合 P_{30} 和 T_{70} 观测和模拟的中国复合高温干旱事件覆盖面积时间序列图
阴影部分为多模式结果的 5%～95% 区间

例如，基于阈值组合 P_{30} 和 T_{70} 的观测和模拟的复合高温干旱事件覆盖面积时间序列趋势值分别为 3.9%/10a 和 3.7%/10a，且均在 20 世纪 90 年代后增长更明显。观测序列大部分都能落在模拟序列的 5% ~95% 区间内，说明 CMIP6 模式可以较好地模拟中国区域复合高温干旱事件覆盖面积的时间变化。

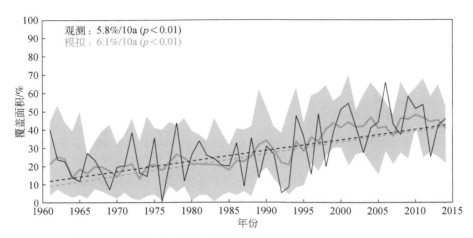

图 7.9　1961 ~2014 年基于阈值组合 P_{50} 和 T_{50} 观测和模拟的中国复合高温干旱事件覆盖面积时间序列图
阴影部分为多模式结果的 5% ~95% 区间

7.4　本章小结

　　本章评估了 CMIP6 多模式平均值对于中国区域复合高温干旱事件气候态和时空变化的模拟效果。由于模式对中国区域降水趋势的模拟能力有待提高，复合高温干旱事件的模拟存在一定不确定性，但仍可以为此类事件的归因和未来预估研究提供有效参考。本章主要结论如下：

　　（1）CMIP6 模式能够较好地再现中国区域夏季气温和降水气候态的空间分布特征，且能够模拟出夏季降水–气温之间的负相关性，但整体存在一定低估。

　　（2）CMIP6 模式能够有效模拟中国区域夏季复合高温干旱事件频率分布，但在西南等地区存在一定低估。

　　（3）CMIP6 模式对夏季单一高温事件的变化模拟表现较好，但对单一干旱事件变化的模拟整体有待提升。

　　（4）CMIP6 模式能够模拟夏季复合高温干旱事件的整体空间变化，部分地区存在一定偏差，对其覆盖面积时间变化的趋势模拟较为准确。

第8章 中国复合高温干旱事件的归因研究

8.1 归因方法简介

气候变化的检测归因是评估气候变化风险、认识人类活动对气候系统影响的重要手段。气候变化的检测是指发现并证明气候变量在某种统计意义上发生了变化，而不关注发生变化的原因。气候变化的归因则是在气候变化信号被检测到后，在某种统计信度下分析多个影响因子对这一变化的相对贡献（Zhai et al.，2018）。气候变化的归因最终是为了证明并量化检测到的变化是人为和自然因子共同作用造成的，而不仅仅是气候系统内部变率引起的。

目前气候变化的归因研究主要包括三大类：气候变量或极端天气气候事件长期变化趋势的归因、极端天气气候事件的归因以及气候变化造成影响的归因（Zhai et al.，2018）。由于影响归因涉及学科复杂，目前大多数气候变化归因研究更关注于前两类归因。从归因方法来说，主要包括最优指纹法（optimal fingerprinting method）和风险比（risk ratio，RR）方法。最优指纹法是一种通过将气候要素的信噪比最大化，增强气候变化信号并排除内部自然变率噪声干扰的一种技术（Hasselmann，1997），不仅可以用于外强迫信号的检测，还可以区分不同强迫的贡献。风险比方法主要是通过比较有无人类活动强迫的情景下某一极端天气气候事件的发生概率，从而估算出人类活动对于此类极端事件发生概率的贡献。

近年来，随着观测资料和气候模式的不断改善，气候变化的归因方法也日渐成熟。目前归因研究常借助气候耦合模式及观测资料来量化外强迫因子对气候变化的相对贡献，也有一些研究仅采用观测资料来分离外强迫和气候系统内部变率。本章就几种常用的检测归因统计方法展开介绍。

8.1.1 趋势归因

对某一气候变量或极端事件的长期变化趋势进行归因（attribution of long-term changes）称为趋势归因。基于气候模式的趋势归因常采用多元分析和贝叶斯推断的方法，前者包括最优指纹法等，后者的优势在于可以融合不同来源的数据进行归因（朱玉祥等，2016；Zhai et al.，2018）。不使用气候模式的趋势归因可采用格兰杰因果检验法，通过考察变量间的相关关系解释某一气候变量变化的原因（曹鸿兴等，2008；朱玉祥和赵亮，2014）。目前，多元分析中的最优指纹（optimal fingerprinting）法已成为占主导地位的检测归因方法，被广泛应用于气候变化领域的趋势归因研究中（刘春蓁和夏军，2010；Dong et al.，2021；柴荣繁，2022；王昭芸，2022），本节主要介绍这一方法。

　　最优指纹法由 2021 年诺贝尔物理学奖获得者克劳斯·哈塞尔曼提出（Hasselmann，1997，1998）。最优指纹法将气候要素的信噪比最大化以增强气候变化信号（并排除内部自然变率噪声干扰），可以用于外强迫信号的检测以及区分不同强迫的贡献。最优指纹法可以通过广义多元回归来实现，将观测到的气候变化看作外强迫响应信号的线性叠加，再加上气候系统的内部变率（罗勇，2022；苏布达等，2022）。其一般公式可以表示为

$$Y = \sum_{i=1}^{n} \beta_i X_i + \varepsilon \tag{8.1}$$

式中，Y 为经过滤波处理后的观测记录；X_i 为包括所有对外强迫的响应信号；β 为尺度因子，用于衡量不同响应信号的比重；ε 为气候系统内部变率。

　　为了估计尺度因子 β，还需要估计 ε，ε 通常由耦合模式的控制试验来计算。如果某一外强迫信号对应的尺度因子 90% 置信区间内包含了 0，则认为该强迫信号无法被显著检测到；如果该尺度因子 90% 置信区间全部大于 0，则认为可以显著检测到该强迫信号；如果该尺度因子 90% 置信区间全部大于 0 且同时包含 1，则表明观测到的变化可归因于外强迫的影响。

8.1.2　事件归因

　　当高影响的极端天气或气候事件发生时，媒体和公众最关心的问题之一是此次事件是否与气候变暖有关，这种类型的归因一般称为事件归因（event attribution），主要回答人为气候变化是否以及在多大程度上改变了某类极端事件的特征（如概率和强度）（Seneviratne et al.，2021）。事件归因一般可以分为基于风险（或概率）的方法、故事线的方法以及二者混合的方法（Qian et al.，2022）。基于风险（或概率）的方法计算简单且应用广泛，本节主要介绍这一方法。

　　基于风险（或概率）的方法由（Allen，2003）提出，Stott 等（2004）将其应用于 2003 年欧洲热浪的归因。这一方法可以回答人为气候变化在多大程度上改变了某类事件发生的概率（Stott et al.，2004）、重现期或强度（Otto et al.，2012）。其结果一般表示为人为气候变化使这一事件发生的可能性增加了 N 倍，或者是人为气候变化使这一事件强度增加了 $M\%$。一般采用的指标为可归因风险比（fraction of attributable risk，FAR），其计算表达式为

$$FAR = 1 - \frac{P_0}{P_1} \tag{8.2}$$

式中，P_0 为不存在人类活动的情景下该事件发生的概率（非真实世界）；P_1 为当前气候条件下该事件发生的概率（真实世界）。FAR 取值范围为 $-\infty$ 到 1，FAR 值越接近 1，说明人类活动对该事件发生的贡献越大。

　　与 FAR 类似的一个指标为风险比（RR）或概率比（probability ratio，PR），其表达式为（Fischer and Knutti，2015）

$$RR = \frac{P_1}{P_0} \tag{8.3}$$

当 RR>1 时，说明人为气候变化增加了该事件发生的可能性；当 RR<1 时，说明人为气候变化减小了该事件发生的可能性。这一指标也已广泛应用于极端事件的归因研究（Gudmundsson and Seneviratne，2016；周天军等，2021）。

这类归因方法的一个重要的步骤是产生一个非真实世界，并计算相应的极端事件特征，常采用两种方法。一种方法是不采用气候模式（即经验方法），该方法对比气候变化较强的最近时期与某一气候变化相对较弱的时期（如前工业化时期）内极端事件的特征，从而分析研究期内气候变化的整体影响（Zscheischler and Lehner，2022）。另一种方法是采用气候模式模拟数据，通过气候模式构建不存在人为强迫的非真实世界，该方法可以进一步划分为大气模式方法和耦合气候模式方法，其中大气模式方法是基于极端事件发生时观测的海温、海冰和外强迫因子（Ciavarella et al.，2018）；耦合气候模式方法综合考虑了气候变化对极端事件的动力学和热力学影响，如气候变化研究中常用的 CMIP5 和 CMIP6 耦合气候模式。这两种气候模式方法均需从有无人为强迫的大型集合模拟试验中产生数据，以获得大样本来减少不确定性（Qian et al.，2022）。

8.1.3　复合高温干旱事件归因

随着观测和模拟资料的不断改善，降水和气温等气候变化归因研究目前已取得较大进展（Stott et al.，2004；Jones et al.，2013；孙颖，2021；Sun et al.，2022），其中气温变化的检测归因信度较高（Stocker et al.，2013；钱诚和张文霞，2019；胡婷和孙颖，2021）。不少研究证明了极端高温变化对人类活动的响应是稳健的（Fischer and Knutti，2015；Knutson and Ploshay，2016；Yin et al.，2017）。然而由于降水受气候系统内部变率影响较大，观测和模拟资料均存在不可忽视的误差，其归因也存在较大的不确定性（Bindoff et al.，2013）。

当前极端事件的归因研究对单一干旱或者高温的变化归因研究相对较多，但是对复合高温干旱事件的变化归因研究相对较少。一般来说，应用于单一极端事件的最优指纹法或者风险比方法可以扩展到复合事件的归因研究。但是，当前尚无广泛接受的复合高温干旱事件指数，因此，基于最优指纹法对复合高温干旱事件的研究相对较少。近几年来，随着一些复合高温干旱指数的提出，如基于多元联合分布的复合事件指数（Hao et al.，2019a，2020），一些学者基于最优指纹法开展了相关的复合事件归因研究（Li W. et al.，2022，2023；Pan et al.，2023）。例如，Li W. 等（2022）应用最优指纹法对中国东北地区复合高温干旱指数的长期变化进行归因，其研究证明了人为温室气体排放对该地区观测到的复合高温干旱事件的严重化趋势占主导作用。风险比方法可以直接应用于复合高温干旱事件的归因研究，目前在全球尺度（Sarhadi et al.，2018；Zhang et al.，2022c；Pan et al.，2023）和南非（Zscheischler and Lehner，2022）、美国（Diffenbaugh et al.，2015）、中国（Wu X. Y. et al.，2022）等区域尺度已经开展了相关研究。如 Zhang 等（2022c）应用风险比的方法对全球复合高温干旱事件发生概率进行归因，提供了人类活动增加全球大部分区域复合高温干旱事件发生概率的证据。同时，一些研究分析了气候系统的内部变率、城市化等与人为气候变化对复合高温干旱事件变化的综合影响（Mukherjee et al.，2022；Ghanbari et al.，2023）。

本章对中国区域复合高温干旱事件进行归因，分析人类活动对复合高温干旱事件长期变化和发生概率的影响。需要注意的是，复合高温干旱事件的归因结果受到气温和降水归因的共同影响。尽管结果存在一定不确定性，这一工作仍可以为制定应对气候变化的适应性措施提供重要的科学依据。

8.2　数据和方法

8.2.1　观测与模式数据

进行气候变化归因研究需要足够的样本量以减小统计推断的不确定性，因此需要较长时间序列的观测和模拟数据。本章观测数据采用了来自英国东英吉利大学气候研究所的长序列全球气象网格化数据 CRU TS（climatic research unit gridded time series），起始时间为1901 年 1 月，空间分辨率为 0.5°×0.5°，采用的变量为月平均气温和降水。

本章模式数据来源于最新的第六次耦合模式比较计划（CMIP6），共采用 13 个模式，每个模式取第一个集合成员的模拟结果（Zhang et al.，2022c）。考虑两组情景，分别是全强迫（all-forcing，简称 ALL）情景和自然强迫（natural-forcing，简称 NAT）情景。全强迫情景包含人为强迫和自然强迫的全部强迫影响，而自然强迫情景仅包括自然强迫影响。因此人类活动的影响可以通过比较全强迫情景与自然强迫情景的结果得到。将所有模式数据插值到与观测数据相同分辨率（0.5°×0.5°），并对多模式的结果取平均值来减少不确定性。

8.2.2　复合高温干旱事件定义及变化

本章复合高温干旱事件分别定义在季节尺度和月尺度。季节尺度的复合高温干旱事件仅考虑夏季（6~8 月）。夏季复合高温干旱事件定义为 6~8 月降水量小于等于第 50 百分位数且平均气温高于第 50 百分位数。月尺度复合高温干旱事件在所有月份分别计算，定义为月平均气温高于各月第 50 百分位数且降水量小于等于各月第 50 百分位数（Meng et al.，2022；Zhang et al.，2022c）。

为探究复合高温干旱事件发生频率的长期变化，季节尺度复合高温干旱事件的覆盖面积定义为发生事件的格点数除以总格点数，月尺度复合高温干旱事件区域平均发生次数定义为所有格点每年发生次数的均值，用于表征复合高温干旱事件的时间变化。夏季和月尺度复合高温干旱事件发生频率通过发生次数除以总时段数（季节或者月）得到。将研究时段划分为两个长度相同的子时段（1901~1955 年和 1956~2010 年），在每个格点上用后一时段的发生频率减前一时段的发生频率，可以用于表征复合事件概率的空间变化。

8.2.3　复合高温干旱事件归因方法

本章通过比较包括和不包括人类活动的模拟结果的时空变化与观测值的时空变化，来评估人为气候变化对复合高温干旱事件长期变化的影响。具体来说，如果全强迫情景能模拟出观测事件的变化趋势而自然强迫无法模拟这种变化趋势时，则认为人类活动对于此类事件的变化具有不可忽视的影响（Jones et al.，2013；Sarhadi et al.，2018；Chiang et al.，2021a）。

通过计算风险比，可以量化人为气候变化对某一极端事件发生概率的贡献（Stott et al.，2004；Vogel et al.，2019；周天军等，2021）。最近，该方法已扩展到超过某个阈值的极端事件归因（如极端高温、干旱和强降水）（Fischer and Knutti，2015）。RR 的计算公式可以表示为

$$RR = \frac{P_{\text{ALL}}}{P_{\text{NAT}}} \tag{8.4}$$

式中，P_{ALL} 和 P_{NAT} 分别为在全强迫和自然强迫情景下发生此类事件（即复合高温干旱事件）的概率（Fischer and Knutti，2015；Ridder et al.，2020）。当 RR>1 时，说明人为气候变化增加了复合高温干旱事件发生的可能性；RR<1，则说明人为气候变化减小了复合高温干旱事件发生的可能性。

8.3　归因结果

8.3.1　时间变化归因

首先对夏季复合高温干旱事件的时间趋势变化进行归因，分别计算观测、模式全强迫和自然强迫的覆盖面积的时间变化。从图 8.1 可以看出，基于多模式模拟的平均值年际变化相对平滑，而观测值的年际变化要明显得多。1901～2010 年观测和全强迫模拟的复合高温干旱覆盖面积呈现增长趋势，分别为 1.619%/10a 和 0.561%/10a，且均通过 $p<0.01$ 显著性检验。而仅包括自然强迫模拟的复合高温干旱事件的覆盖面积并未表现出明显变化趋势（-0.055%/10a，未通过显著性检验）。这说明全强迫模拟结果与观测结果变化趋势较为一致（虽然变化强度差异较大），而仅自然强迫模拟与观测存在明显差异，表明夏季复合高温干旱事件的增加趋势很可能与人类活动有关。

参考 Jones 等（2013），将研究时段划分为 1901～1950 年和 1951～2010 年两个子时段，分别计算夏季复合高温干旱事件覆盖面积的时间变化趋势，结果如表 8.1 所示。可以发现 1901～1950 年，尽管观测和全强迫模拟结果均呈现显著上升趋势，但趋势值相差较大，而在 1951～2010 年，观测和全强迫模拟的趋势结果较为相近。考虑到 1950 年前，观测站点稀疏，观测值本身存在较大不确定性，所以这段时间归因结果的信度可能相对较低。

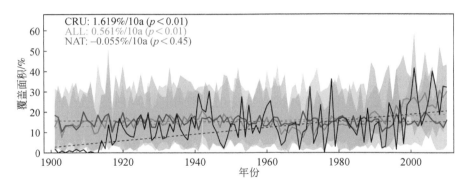

图 8.1　1901～2010 年 CRU（观测）和 CMIP6 模拟（ALL 和 NAT 情景）的中国夏季复合高温干旱事件
覆盖面积年际变化及趋势图

阴影表示多模式结果的 5%～95% 区间

表 8.1　不同时期的 CRU（观测）和 CMIP6 模拟（ALL 和 NAT 情景）的中国夏季复合

高温干旱事件覆盖面积的变化趋势表　　　　　　　（单位:%/10a）

观测及模拟	1901～2010 年	1901～1950 年	1951～2010 年
CRU	1.619 *	3.123 *	1.963
ALL	0.561 *	0.914 *	2.404 *
NAT	−0.055	0.336	−0.114

* 趋势通过 $\alpha = 0.01$ 的显著性检验。

　　本章进一步对全年所有月份复合高温干旱事件的时间变化进行归因，分别计算 CRU
观测、全强迫和自然强迫的月尺度复合高温干旱事件区域平均发生次数的年序列，如图
8.2 所示。结果表明 CRU 观测和基于全强迫情景模拟的平均发生次数均呈现显著上升趋势
（均通过 $p<0.01$ 显著性检验），尤其是在 1990 年后上升趋势明显；而仅包含自然强迫情景
模拟的结果并未呈现明显变化趋势。这些结果说明人类活动因素是导致复合高温干旱事件
发生次数增加的重要因素。如表 8.2 所示，1901～1950 年和 1951～2010 年，CRU 观测和
全强迫情景下均呈现明显增长趋势，且在后一时段增长更快，但基于模式模拟的增加趋势

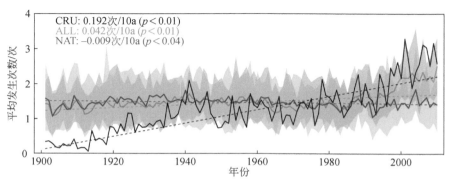

图 8.2　1901～2010 年 CRU（观测）和 CMIP6 模拟（ALL 和 NAT 情景）的月尺度复合高温干旱事件
区域平均发生次数年际变化图

均低于观测。1951～2010 年，仅包括自然强迫情景模拟结果与 CRU 观测、全强迫情景模拟结果偏差较大（分别为-0.017 次/10a、0.281 次/10a、0.142 次/10a），说明这一时段人类活动对于复合高温干旱事件的变化具有不可忽视的影响。

表 8.2　不同时期的 CRU（观测）和 CMIP6 模拟（ALL 和 NAT 情景）的月尺度复合高温干旱事件区域平均发生次数的变化趋势表　（单位：次/10a）

观测及模拟	1901～2010 年	1901～1950 年	1951～2010 年
CRU	0.192 *	0.268 *	0.281 *
ALL	0.042 *	0.058 *	0.142 *
NAT	−0.009	0.036 *	−0.017

* 趋势通过 $\alpha=0.01$ 的显著性检验。

8.3.2　空间变化归因

中国区域复合高温干旱事件 1956～2010 年和 1901～1955 年两个时段的空间变化通过计算所有格点复合事件的频率之差来表示。图 8.3 为 CRU 观测和全强迫、自然强迫情景模拟的中国夏季复合高温干旱事件发生频率空间变化。基于观测数据，夏季复合高温干旱事件在 76.43% 的区域上呈现增加，主要分布于东北、华北、西北、西南和华东地区。基于全强迫模拟的结果在 66.09% 的区域上增加，主要分布于东北、西南和华东地区。而仅自然强迫模拟的结果仅在 36.18% 的区域上呈现增加，空间分布无明显规律。

如果格点上超过 75% 的模式呈现相同方向的变化（增加或减少），则认为这些格点模式的一致性相对较高，不确定性相对较小。可以看出，全强迫情景模拟的结果中，复合高温干旱事件减少的区域相对于增加的区域存在较大的不确定性。尽管全强迫情景模拟与 CRU 观测的结果均在大部分区域呈现增加趋势，但在空间分布上存在一定的差异，尤其是华北和西北地区，观测到夏季复合高温干旱事件明显增加，而全强迫情景未能准确模拟出这种变化特征。总体而言，如果没有人类活动的影响，无法模拟出夏季复合高温干旱事件大面积增加的变化特征，这也说明人类活动对 1901～2010 年中国区域夏季复合高温干旱事件的增加具有重要作用。

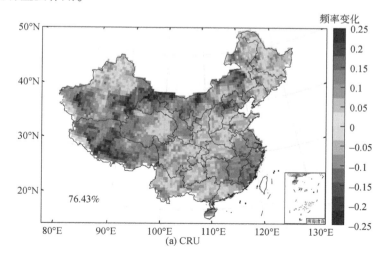

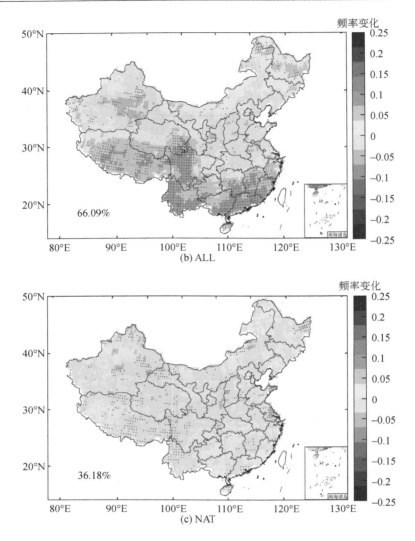

图 8.3　1956～2010 年相对于 1901～1955 年 CRU 观测和全强迫（ALL）、自然强迫（NAT）
情景模拟的中国夏季复合高温干旱事件发生频率空间变化图
左下角百分比表示频率增加的格点数占所有格点数的比例；黑点表示超过 75% 的模式呈现同向变化的格点；
台湾省数据暂缺

　　类似地，图 8.4 展示了中国区域 CRU 观测和全强迫、自然强迫情景模拟的月尺度复
合高温干旱事件发生频率空间变化。基于观测数据，月尺度复合高温干旱事件在 97.76%
的区域上呈现增加，华北、西北和西南地区增加较为明显。全强迫情景模拟的结果在
91.44% 的区域上增加，仅在华中和西北的少部分地区减少，西南地区增加较多且不确定
性相对较小。自然强迫情景模拟的结果仅在 19.86% 的区域上呈现增加，主要分布在南方
地区，这与基于观测的结果相差较大。尽管全强迫情景模拟的复合高温干旱事件增长的空
间范围和变化程度均低于观测结果，但仍可以在一定程度上证明人类活动是影响中国区域
（尤其是西南地区）月尺度复合高温干旱事件变化的重要因子（Wu X. Y. et al., 2022）。

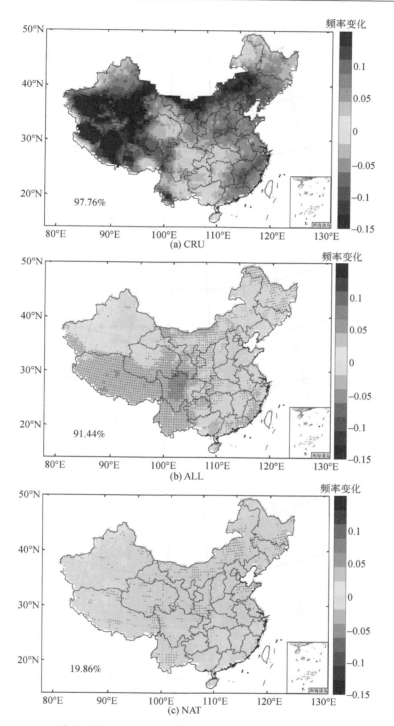

图 8.4　1956～2010 年相对于 1901～1955 年 CRU 观测和全强迫（ALL）、自然强迫（NAT）
情景模拟的月尺度中国复合高温干旱事件发生频率空间变化图

左下角百分比表示频率增加的格点数占所有格点数的比例；黑点表示超过 75% 的模式呈现同向变化的格点；

台湾省数据暂缺

8.3.3　风险比归因

为了进一步分析人类活动对复合高温干旱事件发生频率的贡献，选择了 1951~2010 年这一时间段，计算中国区域复合高温干旱事件发生概率的风险比（RR）。图 8.5 和图 8.6 展示了夏季季节尺度和月尺度复合高温干旱事件 RR 的空间分布。可以看出，87.58%

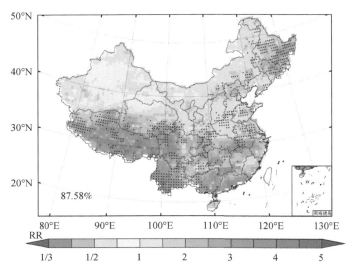

图 8.5　1951~2010 年基于 CMIP6 全强迫和自然强迫情景下中国夏季复合高温干旱事件的
风险比（RR）分布图
黑点表示超过 75% 的模式呈现 RR>1 的格点；台湾省数据暂缺

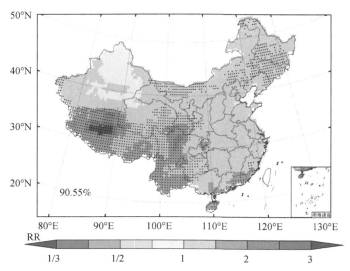

图 8.6　1951~2010 年基于 CMIP6 全强迫和自然强迫情景下中国月尺度复合高温干旱事件的
风险比（RR）分布图
黑点表示超过 75% 的模式呈现 RR>1 的格点；台湾省数据暂缺

的区域上人类活动增加了夏季复合高温干旱事件发生的可能性，尤其是西南地区，RR 值接近 4。东北和西南地区模式模拟结果的一致性较高。西北部分地区 RR<1，说明人类活动因素使夏季复合高温干旱事件发生概率减小，但该地区多模式模拟的不确定性较大，信度相对不高。类似地，对于月尺度的复合高温干旱事件，90.55% 的区域呈现人类活动增加了其发生的可能性，西南地区受人类活动影响相对较大，且多模式模拟的一致性较高，而西北和华东地区多模式模拟的一致性相对较低。总体来说，人为气候变化增加了中国大部分地区复合高温干旱事件的发生概率。

8.4　本章小结

本章基于 CMIP6 多模式模拟和 CRU 观测数据对中国区域 1901～2010 年夏季和月尺度的复合高温干旱事件的时空变化进行了归因，并利用风险比对 1951～2010 年复合高温干旱的发生概率进行归因，得到以下结论：

（1）观测到的中国区域夏季复合高温干旱事件覆盖面积和月尺度复合高温干旱事件平均发生次数均呈现显著增长趋势，全强迫情景下可以再现出显著增长的趋势，尽管模拟的增长速率低于观测的增长速率。而仅自然强迫情景下无法重现这种变化趋势，表明人类活动对于复合高温干旱事件的长期增长趋势具有重要作用。

（2）观测到的中国区域大部分地区夏季和月尺度复合高温干旱事件在 1956～2010 年相对于 1901～1955 年发生频率增加，全强迫情景下可以再现出大部分地区增长的变化特征，尽管空间分布存在一定差异。而仅自然强迫情景下并无明显空间变化规律，表明人类活动使中国大部分地区复合高温干旱事件的发生概率增加。

（3）风险比的结果表明人类活动显著增加了 1951～2010 年夏季和月尺度复合高温干旱事件发生概率，尤其对西南地区影响较大。

第 9 章　中国复合高温干旱事件的多变量偏差校正

9.1　研　究　背　景

在全球变暖的背景下，极端天气和气候事件（如干旱）对人类社会和自然系统造成严重的影响（Coumou and Robinson，2013；Betts et al.，2018；Vogel et al.，2020）。世界气候研究计划（WCRP）开展的国际耦合模式比较计划（如 CMIP5、CMIP6）为极端天气和气候事件的历史变化和未来预估研究提供了强大的数据支撑（Eyring et al.，2016）。气候模式是目前获取时空连续的气候数据的重要手段，但是无论是全球气候模式（general circulation model，GCM）还是区域气候模式（regional climate model，RCM），由于人们对地球系统认识有限、模式物理过程简化、时空分辨率不足等原因，一般都存在系统偏差。因此，在使用气候模式数据研究极端天气和气候事件时，有必要对气候模式的输出数据进行偏差校正（bias correction，BC）或者订正，这对于以气候模式模拟数据为驱动变量的未来水文过程模拟及影响评价至关重要。根据变量的维度，偏差校正方法一般分为单变量偏差校正（univariate bias correction，UBC）和多变量偏差校正（multivariate bias correction，MBC）方法。

9.2　单变量偏差校正方法及案例

9.2.1　方法

单变量偏差校正方法可以改进单个气象水文变量（如降水量、温度）的平均值、方差以及分布等特征（Teutschbein and Seibert，2012；成爱芳等，2015；何坤龙等，2021；李昕潼等，2023）。气象水文领域的单变量偏差校正常用的方法可分为两大类，一类是总量校正，另一类是频率校正（李昱等，2021）。前者主要实现对数据总量的校正，包括线性缩放（linear scaling，LS）法、Delta 变换（delta change，DC）法等。而后者在校正均值与方差的同时，还可以实现对累积分布函数的校正，其中典型的方法是分位数映射（quantile mapping，QM）法（Maraun，2016）。下文简要介绍几种常用的偏差校正方法。

1）线性缩放法

线性缩放法可以使校正后的模拟与观测序列的平均值相同，计算简单。对于温度变量，通常是通过对模式输出的原始模拟序列加上一个附加因子进行校正，附加因子为观测和模拟的多年月均值的差值。而对于降水量，则是通过对模拟序列乘上一个比例因子进行校正，比例因子为观测和模拟的多年月均值的商值（Teutschbein and Seibert，2012）。温度和降水量的线性缩放法校正公式如下（Gohar et al.，2017）：

$$T_{\text{sim,cor}}(t) = T_{\text{sim,raw}}(t) + \mu(T_{\text{obs,base}}) - \mu(T_{\text{sim,base}}) \tag{9.1}$$

$$P_{\text{sim,cor}}(t) = P_{\text{sim,raw}}(t) \times \frac{\mu(P_{\text{obs,base}})}{\mu(P_{\text{sim,base}})} \tag{9.2}$$

式中，下标 obs 代表观测序列；下标 sim 代表模式模拟序列；下标 base 代表气候校正的基准期；下标 raw 代表待校正的原始模拟序列，可以是历史时期也可以是未来时期；下标 cor 代表经过偏差校正后的模拟序列；μ 为温度或降水量序列的多年月平均值。线性缩放法中使用的附加因子或比例因子在历史和未来时期是相同的。这种方法可以消除模拟序列的平均偏差，但只能对平均值进行校正，所以并不适用于气候变化下极端天气和气候事件校正。

2）方差比例变换

方差比例变换在线性缩放法的基础上继续校正了方差，一般用于温度的校正，计算公式如下：

$$T_{\text{sim,cor}}(t) = \mu(T_{\text{obs,base}}) + \frac{\sigma_{T_{\text{obs,base}}}}{\sigma_{T_{\text{sim,base}}}} \left[T_{\text{sim,raw}}(t) - \mu(T_{\text{sim,base}}) \right] \tag{9.3}$$

式中，σ 为时间序列的标准差。方差比例变换保证校正后的模拟与观测的时间序列具有相同的平均值和方差。与线性缩放法类似，该方法假设校正因子在历史和未来时期保持相同（Teutschbein and Seibert，2012；Hawkins et al.，2013）。

3）扰动法

扰动法原理比较简单，其以当前气候的观测为基础，将气候变化信号叠加到观测上作为未来气候，该方法也称为 Delta 变换法，一般仅适用于对平均态的校正，难以应用于日尺度数据的校正（Teutschbein and Seibert，2012；童尧等，2017；Beyer et al.，2019）。扰动法数学表达式与线性缩放类似，但两种方法概念不同，线性缩放法是通过对模式模拟序列消除历史基准期间的模式偏差来生成校正后的模拟序列；而扰动法并不是直接对模式输出值进行校正，而是通过模式对气候变化的响应来调整观测值。具体来说，假定模式模拟的偏差不会随时间发生变化，取一段气候基准期的观测序列，将模式校正期相对于基准期温度的绝对变化或降水量的相对变化作为气候变化信号，叠加在观测时间序列上（Maraun，2016）。温度和降水量的 Delta 变换公式如下所示：

$$T_{\text{sim,cor}}(t) = T_{\text{obs,base}}(t) + \mu(T_{\text{sim,raw}}) - \mu(T_{\text{sim,base}}) \tag{9.4}$$

$$P_{\text{sim,cor}}(t) = P_{\text{obs,base}}(t) \times \frac{\mu(P_{\text{sim,raw}})}{\mu(P_{\text{sim,base}})} \tag{9.5}$$

Delta 变换法保留了观测的时间序列的时间、空间结构以及多变量相依关系。因此，只有假设未来气候条件下这些结构不变时才能应用这种方法（Graham et al.，2007）。

4）分位数映射法

分位数映射法是根据观测值的分布函数校正模式模拟值的分布函数。该方法认为气候变量在长时间序列上有一个相对稳定的分布函数，而模拟变量的概率分布与观测变量的概率分布相同。校正过程中，将每个模拟值映射到观测值的累积分布函数对应的分位数（图9.1），以消除系统分布误差（Beyer et al., 2019）。分位数映射法是降水资料偏差校正中的主流方法之一。

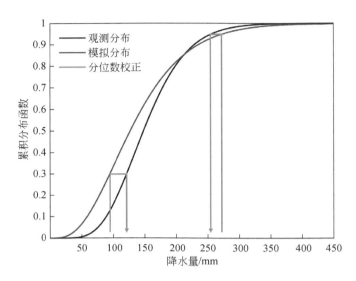

图 9.1　分位数映射校正过程示例图

　　若不对数据的理论分布做出任何假设，则该方法称为经验分位数映射法；若假设数据服从某一理论分布。例如，温度变量常假设服从 Gaussian 分布，则该方法称为 Gaussian 分位数映射；降水变量常假设服从 Gamma 分布，则称为 Gamma 分位数映射（Pastén-Zapata et al., 2020）。Gaussian 分布函数和 Gamma 分布函数表达式如下：

$$f_N(x \mid \mu, \sigma^2) = \frac{1}{\sqrt{2\pi\sigma^2}} \cdot e^{-\frac{(x-\mu)^2}{2\sigma^2}} \tag{9.6}$$

$$f_\gamma(x \mid \alpha, \beta) = x^{\alpha-1} \cdot \frac{1}{\beta^\alpha \cdot \Gamma(\alpha)} \cdot e^{-\frac{x}{\beta}}; \quad x \geqslant 0; \quad \alpha, \beta > 0 \tag{9.7}$$

式中，f_N 为 Gaussian 密度分布函数；μ 和 σ^2 分别为均值和方差；f_γ 为 Gamma 密度分布函数；Γ 为 Gamma 函数；α 和 β 分别为 Gamma 分布函数的形状参数和尺度参数。则温度和降水的分位数映射函数可表示为

$$T_{\text{sim,cor}}(t) = F_N^{-1}(F_N(T_{\text{sim,raw}}(t) \mid \mu_{\text{sim,base}}, \sigma^2_{\text{sim,base}}) \mid \mu_{\text{obs,base}}, \sigma^2_{\text{obs,base}}) \tag{9.8}$$

$$P_{\text{sim,cor}}(t) = F_\gamma^{-1}(F_\gamma(P_{\text{sim,raw}}(t) \mid \alpha_{\text{sim,base}}, \beta_{\text{sim,base}}) \mid \alpha_{\text{obs,base}}, \beta_{\text{obs,base}}) \tag{9.9}$$

式中，F 为累积分布函数；F^{-1} 为累积分布函数的反函数。基于分位数映射法的偏差校正技术考虑了变量的数值分布情况，更适合用于考虑气候极值（如极端气象水文事件）的研究中。

　　以上几种偏差校正方法各有优劣，适用于不同的情况，表 9.1 为几种方法的比较（Xu et al., 2019）。

表 9.1　几种单变量偏差校正方法的优缺点分析

方法	线性缩放法	方差比例变换法	扰动法	分位数映射法
描述	校正模拟序列平均值	校正模拟序列平均值和方差	通过模式对气候变化响应来扰动观测序列	校正模拟序列整体分布
优点	计算简单	计算简单且保留气候变化信号	基于观测序列，产生与当前气候条件相关的未来气候序列	全面校正数值分布情况，尤其是极值
缺点	依赖于模式输出数据质量，假设静态的模式偏差，不能充分代表未来气候变化	与线性缩放法类似受到观测异常值范围的限制	没有考虑未来气候的动态变化	可能改变气候变化信号；没有保留模拟的多变量相依关系；受到观测极值范围的限制
适用情况	不适用于极端事件评估	通常用于月尺度到年尺度的气候变量校正	常用于未来不同时段的气候预估	常用于考虑水文过程的降水校正

9.2.2　案例

本章取中国华中区域一个格点（109.75°E，32.25°N）的降水校正作为示例，比较几种偏差校正方法的效果。观测数据来自 CRU，模式数据来自国家气候中心开发的新版本气候模式 BCC-CSM2-MR。选取 1951 ~ 1982 年作为训练期，1983 ~ 2014 年作为验证期。对模式输出的 7 月降水量用不同方法进行偏差校正（不包括 Delta 变换），然后与同期实测数据进行比较。分别采用均方根误差（root mean square error，RMSE）、相关系数（correlation coefficient，CC）和相对偏差（relative deviation，RD）评估校正后的验证期模拟降水精度。均方根误差用于衡量模拟值与观测值之间的偏差，均方根误差越小，代表数据精度越好，最优值为 0。相关系数用于衡量模拟值与观测值之间的线性相关程度，相关系数越大，代表模拟值与观测值相关程度越高，最优值为 1。相对偏差为模拟值的绝对误差与观测值之比，相对偏差绝对值越小越好，最优值为 0。三个评价指标的计算公式如下：

$$\text{RMSE} = \sqrt{\frac{1}{n} \sum_{i=1}^{n} (S_i - O_i)^2} \tag{9.10}$$

$$\text{CC} = \frac{\sum_{i=1}^{n} (S_i - \bar{S})(O_i - \bar{O})}{\sqrt{\sum_{i=1}^{n} (S_i - \bar{S})^2} \sqrt{\sum_{i=1}^{n} (O_i - \bar{O})^2}} \tag{9.11}$$

$$\text{RD} = \frac{\sum_{i=1}^{n} (S_i - O_i)}{\sum_{i=1}^{n} O_i} \times 100\% \tag{9.12}$$

式中，O_i 和 S_i 分别为观测和校正后的模拟序列；n 为序列长度。

表 9.2 为验证期内经过偏差校正后的模式模拟精度。

表9.2　基于单变量偏差校正的降水模拟精度评价表

校正方法	均方根误差	相关系数	相对偏差
未校正	68.03	0.19	−18.07
线性缩放	61.69	0.19	−3.24
方差比例变换	55.48	0.19	−3.07
分位数映射	57.28	0.20	−1.43

　　在这个示例中可以看出，三种偏差校正方法均在一定程度上改进了原始模拟数据的精度。线性缩放和方差比例变换计算简单，在验证期内能够有效降低模式偏差，方差比例变换略优于线性缩放法。而分位数映射法（在一定的数值范围内）能够使模拟分布更接近观测分布（图9.2），但从 RMSE 值来看，分位数映射校正效果不如方差比例变换。不同方法校正前后模拟值与实测值的相关关系并没有发生明显改变。值得注意的是，不同地区各偏差校正方法的校正效果不同，不同评价指标的选取也会对偏差校正方法的评价产生重要影响。具体使用时需结合研究需求选取合适的偏差校正方法或提出新的校正方法（Chen et al.，2019a；Navarro-Racines et al.，2020）。

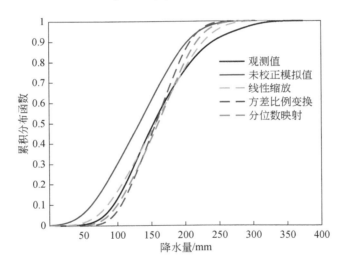

图9.2　观测和校正前后模拟7月降水的累积分布函数图

9.3　多变量偏差校正方法及案例

9.3.1　方法

　　目前，分位数映射法等是常用的单变量偏差校正方法，已被广泛应用于调整气象变量（如降水量、温度）的偏差。但是值得注意的是单变量偏差校正方法仅独立地校正单一变量，并未考虑气象变量间的关系。而在实际情况下，气象水文变量间往往不是独立的。因此，在评估多种因素有关的天气和气候极端事件时，仅依赖于单变量偏差校正方法校正气象水文变量可能会导致不佳的结果（Zscheischler et al.，2019）。

　　近年来，考虑了气象水文变量间相依关系的多变量偏差校正方法（multivariate bias correction，MBC）逐步发展起来，可以弥补传统方法在校正多元相依结构方面的不足（Piani and Haerter，2012；Li et al.，2014；Vrac and Friederichs，2015；Cannon，2016；Vrac，2018；Whan et al.，2021）。例如，Piani 和 Haerter（2012）基于以调整直方图分布的单变量偏差校正方法，先校正温度，然后通过构建温度和降水（T-P）的 Copula 函数，进而校正降水，该方法成功地校正了模式模拟的德国六个气象站的降水–温度关系。Li 等（2014）基于 CRU 数据和 CMIP5 的月降水–温度数据，通过定义降水和温度的二元概率分布（降水和温度的分布分别假定为伽马分布和高斯分布，降水–温度的联合分布则为多元高斯分布），提出了一种联合偏差校正（joint bias correction，JBC）方法，结果表明相比于 QM 方法，JBC 方法可有效地调整 CMIP5 模式模拟降水–温度相关性的偏差。Vrac 和 Friederichs（2015）提出的经验 Copula 偏差校正（empirical copula-bias correction，EC-BC），对气象变量的分布函数不做假设，方法使用灵活。Cannon（2016）提出的多变量偏差校正方法，结合了气候模式输出数据和观测数据的特征，具有三种变体（MBCp、MBCr、MBCn），其中 MBCp 和 MBCr 结合了分位数映射和多元线性尺度变换（分别基于皮尔逊线性相关系数和斯皮尔曼秩相关系数来校正变量间的相关性），而 MBCn 则是将分位数映射和图像处理技术结合起来（Cannon，2016，2018）。

9.3.2　案例

　　本节基于 1957～2005 年 6 月降水量和温度的历史观测和 CMIP5 模拟数据来展示 MBC 方法的应用（Hao and Singh，2020）。图 9.3 展示了 CMIP5 模拟 1957～2005 年间降水量和

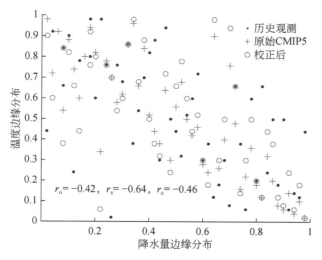

图 9.3　某格点 6 月降水量和气温的历史观测、原始 CMIP5 数据以及校正后的数据散点图

温度的边缘概率散点图。观测和模拟的 Kendall 相关系数 r_0 和 r_s 分别为-0.42 和-0.64，这表明气候模式没有很好地模拟该格点的降水-温度相关系数。使用 MBC 方法来同时校正降水和温度，图 9.3 显示校正后的降水量和温度的 Kendall 相关系数 r_c 为-0.46，与观测值更为接近。

9.4　复合高温干旱事件的偏差校正方法及评估指标

复合事件的发生与多变量的相关性密切相关（Zscheischler et al.，2018；Hao，2022），如降水和温度呈现负相关的地区复合高温干旱事件发生频率较高。气候模式为研究复合事件与变量间关系提供了强大的数据支撑，已有大量研究基于气候模式数据评估其在模拟降水-温度相关性和复合事件方面表现（Wu and Gao，2013；Hao et al.，2019c；Ridder et al.，2021；Wang et al.，2021a），但是探究多变量偏差校正方法（MBC）在校正降水-温度相关性和复合高温干旱事件频率方面表现的研究相对较少。

本章将评估多变量偏差校正方法（MBCr）对改进 CMIP6 模拟降水-温度相关性和复合高温干旱事件频率的性能。

9.4.1　观测和模式数据

本章节采用 CN05.1 中 1961～2020 年的月平均降水量和温度数据作为观测数据（Wu and Gao，2013；Wu et al.，2017），同时选择了 20 个 CMIP6 模式月降雨量和温度历史模拟数据（Eyring et al.，2016）。使用双线性插值方法，将上述观测数据和模式模拟数据处理为空间分辨率为 1°×1° 的栅格数据。

9.4.2　多变量偏差校正方法

本章采用 MBCr 校正模式模拟的夏季降水、温度和降水-温度相关性。MBCr 利用分位数映射方法调整降水、温度的边际分布，根据斯皮尔曼秩相关校正变量间的相关性，该方法已经被广泛用于以往的研究（François et al.，2020；Whan et al.，2021），其计算方法可以基于 R 语言中 MBC 包进行计算（https：//cran.r-project.org/web/packages/MBC/）。根据数据的可用性，将 1961～2014 年均分为前后两个时段，前一时段（1961～1987 年）的观测和模拟数据用于多变量偏差校正方法的率定（率定期），后一时段（1988～2014 年）的模式输出数据用于验证此方法（验证期）。

9.4.3　降水-温度相关性和复合高温干旱事件频率

采用斯皮尔曼秩相关系数来计算夏季降水-温度相关性。对于复合高温干旱事件，基于联合阈值的方法，在每个网格上，采用降水量小于等于第 50 百分位数（$P \leqslant P_{50}$）和温度高于第 50 百分位数（$T>T_{50}$）的组合定义复合高温干旱事件（采用该阈值组合主要为了获得更多复合事件样本）。复合高温干旱事件的频率定义为时段内事件的发生次数除以总季节数。由于模式间的差异，在此我们根据 CMIP6 的多模式平均结果来评估 MBCr 方法在校正降水–温度相关性和复合高温干旱事件频率的表现。

9.4.4　评估指标

本章采用均方根误差评估 MBCr 方法的性能，其计算如下式：

$$\text{RMSE} = \sqrt{\frac{\sum_{i=1}^{n} (X_{\text{obs},i} - X_{\text{mod},i})^2}{n}} \qquad (9.13)$$

式中，X 可以为每个网格的降水–温度相关系数、复合高温干旱事件的频率、降水（或温度）的平均值；n 为区域的网格总数；下标 obs 和 mod 分别表示观测（即 CN05.1）和模式模拟（即原始 CMIP6、MBCr 校正）。通过计算 RMSE 来评估中国大陆区域和七个子区域（东北、华北、西北、华中、华东、华南、西南地区）MBCr 方法的性能。

9.5　多变量偏差校正结果

9.5.1　多变量偏差校正降水–温度相关性

验证期间（1988~2014 年）观测、原始模拟和校正后的降水–温度（$P\text{-}T$）相关系数比较如图 9.4（a）、（c）、（e）所示。观测结果表明，中国大多数地区的夏季降水和温度呈现负相关关系，这一结果与以往研究结果一致，主要与夏季陆气反馈过程和天气过程有关。

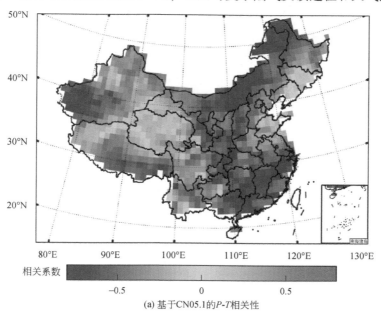

相关系数

−0.5　　　　0　　　　0.5

(a) 基于CN05.1的$P\text{-}T$相关性

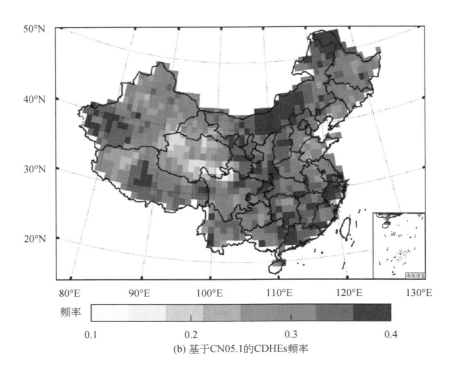

(b) 基于CN05.1的CDHEs频率

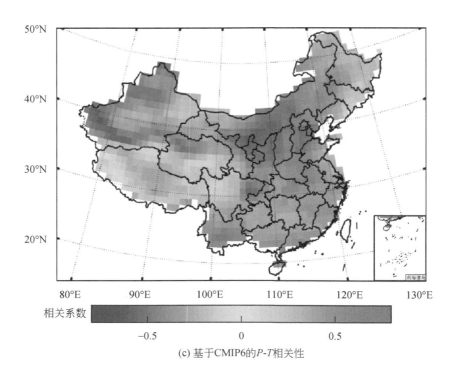

(c) 基于CMIP6的P-T相关性

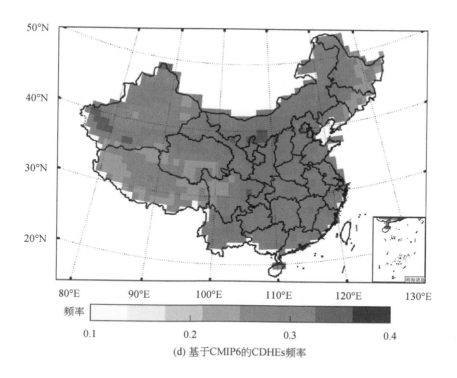

(d) 基于CMIP6的CDHEs频率

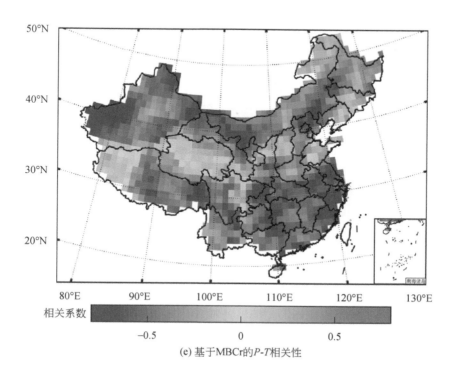

(e) 基于MBCr的P-T相关性

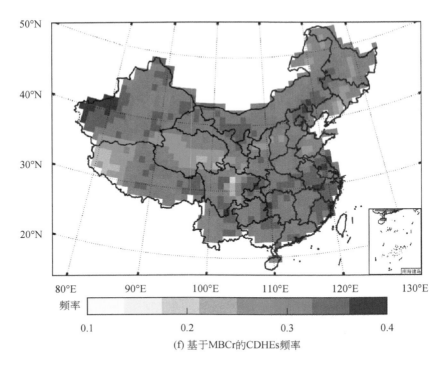

(f) 基于MBCr的CDHEs频率

图 9.4　基于观测、原始模拟和校正 1988~2014 年夏季的斯皮尔曼降水-温度
相关性和复合高温干旱事件频率分布图
台湾省数据暂缺

　　原始模式模拟结果显示降水-温度相关性的总体空间分布与观测总体一致，但是在中国西北的一些区域，观测与模式模拟结果存在较大的偏差，这可能与西北地区的地形有关（气候模式在复杂地形区域的模拟仍存在缺陷）（Xin et al., 2020）。而除了降水-温度相关性的空间分布，模式模拟与观测值的大小也存在差异。例如，华北地区的降水-温度相关性在模式中偏差较大。

　　进一步根据箱型图对观测、原始模拟和校正后的夏季降水-温度相关性进行比较分析（图 9.5）。总体来说，原始 CMIP6 模式低估了降水-温度的负相关性，其中值为-0.28（观测数据的降水-温度相关性中值为-0.40）。进一步比较观测值和原始模式模拟值之间的差异（模拟结果减观测结果）表明（图 9.6），原始模式数据低估了东北、西南、华南等地区降水-温度相关性。CMIP6 模式从整体上可以重现中国夏季降水-温度相关性的空间分布，但是在不同的区域上仍有差异，总体上对降水-温度的负相关性有一定的低估。

　　本节进一步评估 MBCr 方法校正中国夏季降水-温度相关性的表现。如图 9.4（e）所示，经 MBCr 校正后的降水-温度相关系数的空间分布与观测数据整体上一致，与原始 CMIP6 模式相比提高了模拟数据在部分地区（如青藏高原东北部）的表现，但是在某些地区有过校正现象（如中国西南部分区域）。从箱型图（图 9.5）结果来看，MBCr 方法大幅改善了原始模式数据的偏差，其夏季降水-温度相关性的中值为-0.37，更加接近于真实观测值（-0.40）。MBCr 方法有效地降低了华南等地区降水-温度相关性的偏差（图 9.6），但是中国华北等地区的降水–温度相关性的偏差仍较大。

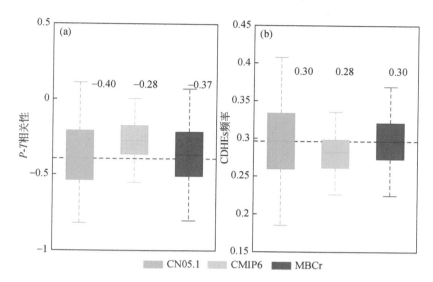

图 9.5　基于观测、原始模拟和校正的 1988～2014 年夏季降水–温度（*P-T*）
相关性和复合高温干旱事件频率的箱型图

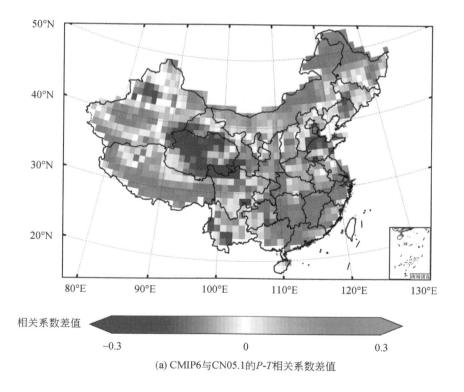

(a) CMIP6 与 CN05.1 的 *P-T* 相关系数差值

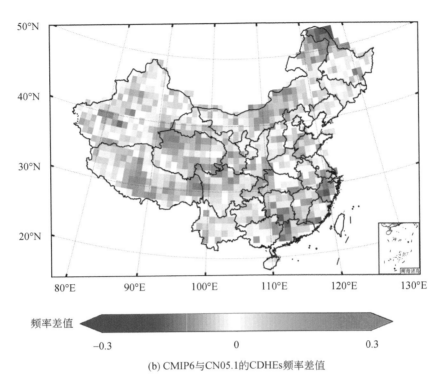

频率差值

−0.3　　　　　　0　　　　　　0.3

(b) CMIP6与CN05.1的CDHEs频率差值

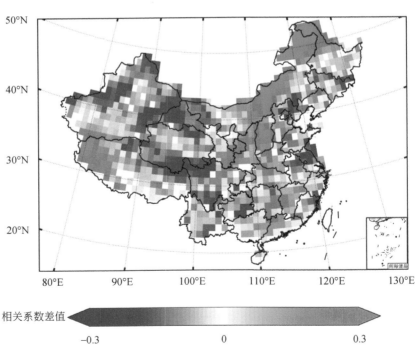

相关系数差值

−0.3　　　　　　0　　　　　　0.3

(c) MBCr与CN05.1的*P-T*相关系数差值

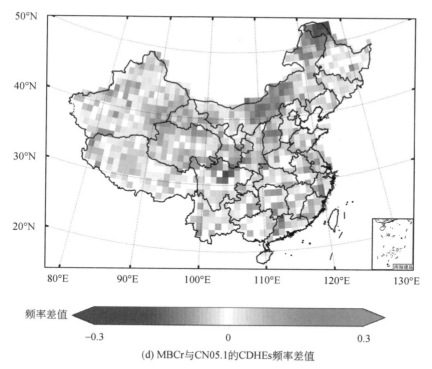

(d) MBCr与CN05.1的CDHEs频率差值

图 9.6　1988～2014 年夏季观测与模拟、校正的降水–温度相关性和复合高温
干旱事件频率的差异分布图
台湾省数据暂缺

原始模式和校正后的降水–温度相关性的均方根误差如图 9.7（a）所示。经 MBCr 校

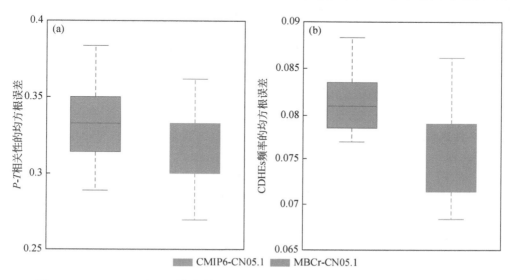

图 9.7　1988～2014 年观测值与模拟及校正之间的夏季降水–温度相关性和复合高温
干旱事件频率均方根误差的箱型图

正后的降水–温度相关性的均方根误差降低（中值降低了约 4.3%）。由于 MBCr 方法在区域上的表现不同，我们同时评估了中国七个子区域 MBCr 的表现。在七个区域上观测值和校正后降水–温度相关性的差异如图 9.8 所示。中国的华东、华中、华南地区经 MBCr 校正后，降水–温度相关性的偏差明显降低，但是在华北地区 MBCr 的表现较差。

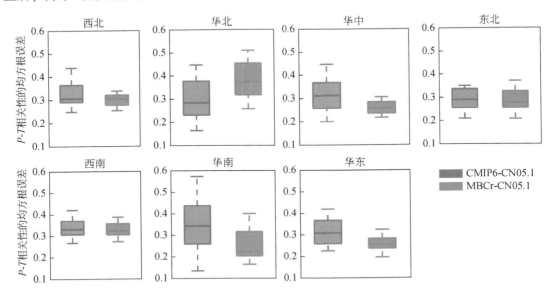

图 9.8　　1988 ~ 2014 年中国七个子区域的观测值与模式模拟及校正之间
夏季降水–温度相关性均方根误差的箱型图

9.5.2　CMIP6 对复合高温干旱事件频率的模拟

本节对复合高温干旱事件频率的校正效果进行分析。从空间分布上看，CMIP6 多模式平均值在大多数区域低估了复合高温干旱事件的频率（如华北、华东、华南地区），这可能与降水–温度负相关性的低估有关（图 9.4）。图 9.5（b）的箱型图进一步表明 CMIP6 模式整体上低估了复合高温干旱事件的频率，其中值为 0.28（基于观测的中值则为 0.30）。总体来说，CMIP6 模式可以模拟复合高温干旱事件频率的空间分布，但在频率大小上仍存在差异。

图 9.4（f）显示了 MBCr 方法校正后复合高温干旱事件频率的空间分布。相比于原始 CMIP6 数据，校正后的模式数据可以更好地模拟复合高温干旱事件频率的空间分布特征，尤其是中国华南和华东地区。从统计上来看，校正后复合高温干旱事件频率的中值（0.30）更加接近观测中值（图 9.5）。但是值得注意的是，在中国华北地区出现了过度校正（图 9.6）。

基于观测和模拟的复合高温干旱事件频率的均方根误差如图 9.7（b）所示。整体上，MBCr 降低了复合高温干旱事件频率的均方根误差约 7.2%。7 个子区域的均方根误差如图 9.9 所示。相比于原始模式数据，华中地区和华南地区复合高温干旱事件的均方根误差显著降低，分别为 13.9% 和 18.7%，但是 MBCr 方法在华北等部分地区表现不佳。总体来说，MBCr 方法在降低中国夏季复合高温干旱事件频率的偏差上是有效的，但是区域差异较大。

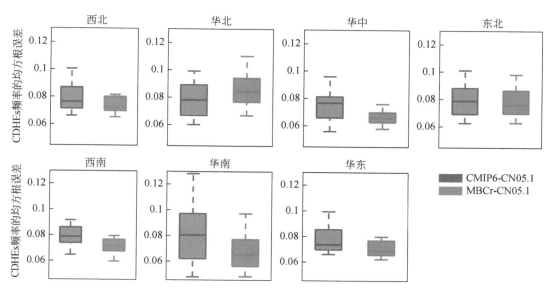

图 9.9　1988～2014 年中国 7 个子区域的观测与模式模拟及校正之间
夏季复合高温干旱事件频率均方根误差的箱型图

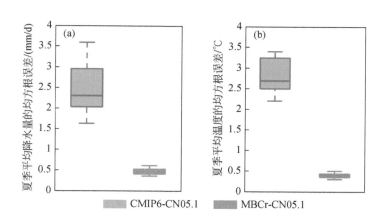

图 9.10　1988～2014 年观测与模拟及校正之间的夏季平均降水量和夏季平均
温度的均方根误差（RMSE）的箱型图

9.5.3　单一事件校正结果

上述结果表明尽管存在区域差异，MBCr 方法总体上可以改善降水–温度相关性和复合高温干旱事件频率的模拟偏差，本节进一步评估了对单一变量（降水量、温度）的校正效果。验证期（1988～2014 年）原始模拟/校正的夏季平均降水和平均温度与 CN05.1 的均方根误差如图 9.10 所示。结果表明，与原始模拟相比，校正后的夏季平均降水和平均温度的 RMSE 大幅降低，说明 MBCr 不仅能够有效调整变量间关系，而且在改善单个气象变量（降水和温度）的模拟方面也表现良好。

9.6　本 章 小 结

　　基于 CN05.1 和 CMIP6 数据，本章分析了 MBCr 方法在校正中国历史夏季降水–温度相关性和复合高温干旱事件频率的表现。结果发现 CMIP6 模式总体上低估了中国区域降水–温度负相关关系（导致复合事件频率的偏低），并高估了中国西北部分地区降水–温度负相关（导致高估了复合事件的发生频率）。经校正后中国的降水–温度相关性和复合高温干旱事件频率整体有所改进，校正后的 RMSE 相比于原始 CMIP6 模式而言分别降低了4.3% 和 7.2%。就区域结果而言，中国华东、华中和华南地区的降水–温度相关性和复合高温干旱事件频率的模拟得到了改进，尤其是华南地区，降水–温度相关性和复合高温干旱事件频率的 RMSE 降低 34.8% 和 18.7%。在气候变化背景下，探究多变量偏差校正方法在调整变量间相关关系以及复合事件特征中的表现有助于改进基于气候模式的复合型极端事件的预估及影响研究。

第10章 中国复合高温干旱事件未来预估

10.1 研 究 背 景

目前已有大量研究基于第五次和第六次国际耦合模式比较计划（CMIP5 和 CMIP6）的气候模式数据开展了中国未来降水和气温的预估分析（Wang and Chen，2014；Tian et al.，2015；Yang X. L. et al.，2021；Zhu H. H. et al.，2021），整体来看，未来中国将持续升温，且 21 世纪末的升温更为显著（Zhu H. H. et al.，2021）。同时，关于中国未来干旱和高温的预估研究也逐步开展起来（Liang et al.，2018；莫兴国等，2018；Song et al.，2021；Jiang H. et al.，2022）。研究表明，未来中国多地干旱呈现增加趋势，大部分地区高温事件呈现增加趋势。如 Song 等（2021）基于 CMIP6 研究表明，与历史时期相比未来中国干旱重心将会向南方转移，南方干旱会更加频发。

一些研究应用 CMIP5 和 CMIP6 模式数据对全球未来复合高温干旱事件进行预估（Wu X. Y. et al.，2021b，2022）。Zscheischler 和 Seneviratne（2017）研究表明未来全球大部分地区气温和降水相关性增强，复合高温干旱事件的发生风险随之显著增加。基于 CMIP5 模拟数据，Wu 等（2021b）计算了未来全球主要作物产区的复合高温干旱事件的频率变化特征，结果表明 2050～2099 年期间受到复合高温干旱事件影响的产区面积是 1950～1999 年的 1.7～1.8 倍。CMIP6 气候模式数据在未来情景中同时考虑了典型浓度路径（representative concentration pathways，RCP）和共享社会经济路径（shared socio-economic pathways，SSP）（Eyring et al.，2016），为探究未来气候变化提供更有力的数据支持（O'Neill et al.，2016）。一些研究基于 CMIP6 气候模式数据对复合高温干旱事件进行了预估研究。例如，Vogel 等（2020）研究结果表明未来复合高温干旱事件的热点区域主要集中在巴西、地中海地区和南非。同时，大量研究也揭示了复合高温干旱事件在区域尺度或者国家尺度上频率增加的趋势，包括中国（Sun Q. H. et al.，2017；Wu et al.，2021c）、德国（Estrella and Menzel，2013）和印度等（Mishra et al.，2020，2021）。

本章主要基于 CMIP6 模式对中国未来复合高温干旱事件不同情境下的变化进行预估。

10.2 数 据 和 方 法

本章观测数据采用了来自英国东英吉利大学气候研究所的 CRU 数据（1931～2014年），气候模式数据来源于 CMIP6 中 7 个模式的 13 个集合，变量包括月降水和气温数据，情景包括历史情景（1931～2014 年）以及 2015～2100 年共享社会经济路径 SSP126、SSP245 和 SSP585 情景（表 10.1）。由于数据分辨率不一致，采用线性插值法将所有模式模拟数据的空间分辨率统一为 1°×1°。

表 10.1　CMIP6 模式列表

序号	模式	历史模拟	SSP126、SSP245、SSP585	分辨率
1	BCC-CSM2-MR	r1i1p1f1	r1i1p1f1	1.125°×1.125°
2	CanESM5	r1i1p1f1	r1i1p1f1	2.8125°×2.8125°
		r2i1p1f1	r2i1p1f1	
		r3i1p1f1	r3i1p1f1	
3	GFDL-ESM4	r1i1p1f1	r1i1p1f1	1.25°×1°
4	IPSL-CM6A-LR	r1i1p1f1	r1i1p1f1	2.5°×1.2587°
		r2i1p1f1	r2i1p1f1	
		r3i1p1f1	r3i1p1f1	
5	MIROC6	r1i1p1f1	r1i1p1f1	1.40625°×1.40625°
		r2i1p1f1	r2i1p1f1	
		r3i1p1f1	r3i1p1f1	
6	MRI-ESM2-0	r1i1p1f1	r1i1p1f1	1.125°×1.125°
7	NorESM2-LM	r1i1p1f1	r1i1p1f1	2.5°×1.875°

复合高温干旱事件定义为同时发生的干旱和高温（基于夏季 6~8 月平均值）。共采用两组阈值组合，即 P_{30} 和 T_{70}，P_{50} 和 T_{50}。每个模式单独计算阈值，历史和未来时期的阈值均采用 1961~1990 气候基准期的阈值。复合高温干旱事件的发生面积定义为复合高温干旱事件的格点数与研究区域总格点数的比值。

10.3　未来预估结果

10.3.1　单一降水、气温时间变化

图 10.1 为历史和未来不同情景下中国区域夏季降水和气温时间变化。随着全球气候变暖，预计未来中国将持续升温，其中 SSP585 情景下的增温速率远高于 SSP245 和 SSP126 情景。这说明控制温室气体排放对于控制升温速率至关重要。预计中国未来降水量也将增加，降水在 SSP585 情景下比 SSP126 情景和 SSP245 情景下增幅更大。另外，基于 CMIP5 的降水预估研究表明未来中国降水在典型浓度排放路径 RCP8.5 情景比 RCP2.6 和 RCP4.5 情景下增幅更大（Yang et al., 2018），这与本章结果一致。

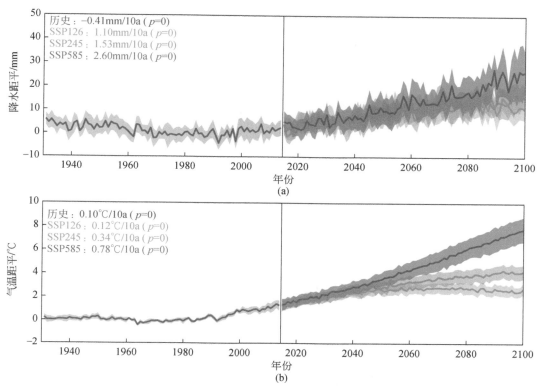

图 10.1　历史情景（1931～2014 年）与 SSP126、SSP245、SSP585 情景下中国夏季
（a）降水距平和（b）气温距平的变化图（相对于 1961～1990 年）

10.3.2　单一降水、气温空间变化

　　图 10.2 为未来不同情景下中国区域夏季降水和气温相对于历史时期的空间变化。到
21 世纪末，中国区域降水和气温都将整体增加（Yang X. L. et al., 2021）。气温增加幅度

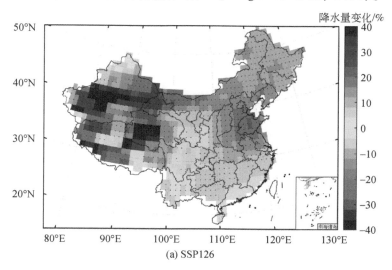

(a) SSP126

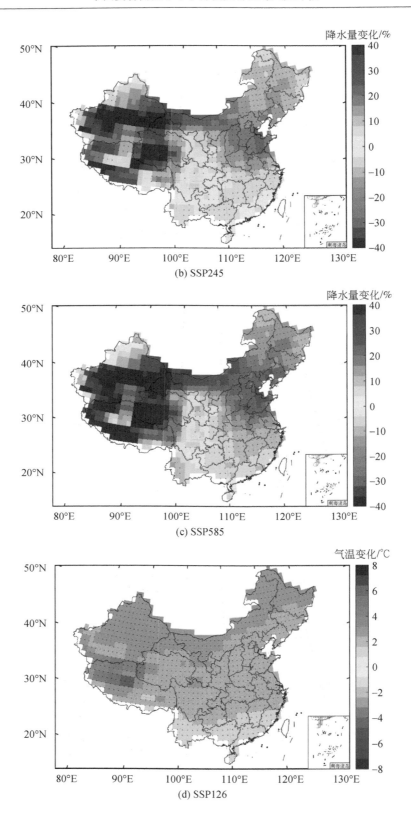

(b) SSP245

(c) SSP585

(d) SSP126

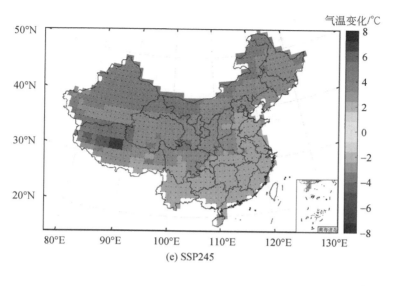

(e) SSP245

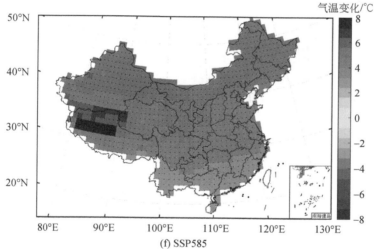

(f) SSP585

图 10.2　SSP126、SSP245 和 SSP585 情景下 2021～2100 年中国夏季降水和气温相对
1931～2010 年的空间变化图

打点区域表示超过 75% 的模式呈现同向变化；降水为相对变化，气温为绝对变化；台湾省数据暂缺

最大的地区出现在高海拔和高纬度地区。降水在中国大部分地区都增加，西北、华北、青
藏高原等地区增加更多。但降水变化预估的不确定性相对于气温预估的不确定性较高。

10.3.3　复合高温干旱事件发生频次变化

图 10.3 和图 10.4 为中国区域不同阈值组合下的夏季复合高温干旱事件 2021～2100 年相
对于 1931～2010 年的发生频次空间变化。总体来说，与 1931～2010 年相比，2021～2100 年

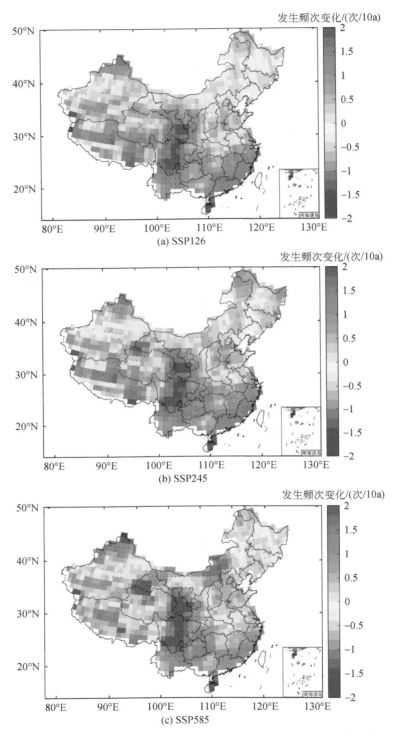

图 10.3　SSP126、SSP245 和 SSP585 情景下 2021～2100 年基于 P_{50} 和 T_{50} 阈值组合中国夏季复合
高温干旱事件发生频次相对 1931～2010 年的空间变化图
打点区域表示超过 75% 的模式呈现同向变化；台湾省数据暂缺

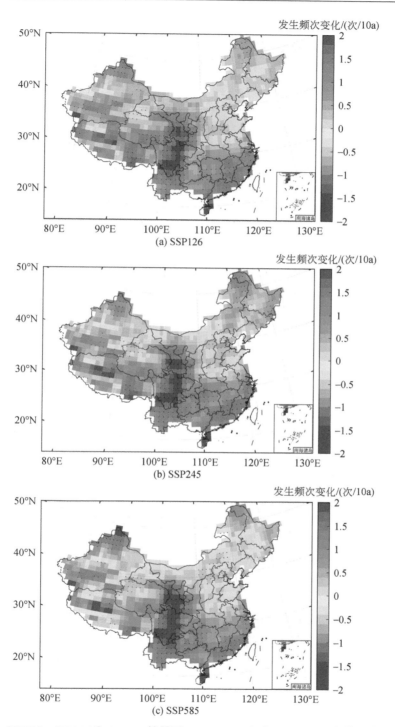

图 10.4　SSP126、SSP245 和 SSP585 情景下 2021～2100 年基于 P_{30} 和 T_{70} 阈值组合中国夏季
复合高温干旱事件发生频次相对 1931～2010 年的空间变化图
打点区域表示超过 75% 的模式呈现同向变化；台湾省数据暂缺

夏季中国东北、西南、华南等地区复合高温干旱事件的发生频次呈增加趋势。但增幅在不同区域差异较大,其中中国西南地区增长较明显,模式之间的一致性也较高,表明该地区未来复合高温干旱事件风险较高。华北和华东部分地区复合高温干旱事件的发生频次呈现轻微的减少趋势,这与该地区降水增加幅度较大有关,SSP585 情景下该地区复合高温干旱事件减小幅度更大,但该地区变化趋势的模式一致性相对较低。不同 SSP 情景下复合高温干旱事件空间变化的分布规律较为一致,部分地区存在差异。总体来说,未来不同 SSP 情景下中国大部分地区复合高温干旱事件预计发生频次增加,尤其是中国西南地区复合高温干旱事件将会显著增加。

对比不同阈值组合的结果,可以发现复合高温干旱事件未来变化整体一致。值得注意的是,基于较高阈值组合(P_{30} 和 T_{70})的复合高温干旱事件在更多的区域上呈现增长趋势,尤其是在西北和华北部分地区不同阈值组合的复合高温干旱事件变化差异较大。这说明阈值组合的选择对复合高温干旱事件的预估存在一定影响。

为了进一步量化复合高温干旱事件在历史和未来不同时期下的变化情况,计算了不同时期不同情景下中国平均复合高温干旱事件发生频次,如图 10.5 所示。与历史时期(1931 ~ 2010 年)相比,SSP126、SSP245 和 SSP585 情景下 2021 ~ 2100 年复合高温干旱事件发生频率均增加。较低阈值组合(P_{50} 和 T_{50})的复合高温干旱事件在 SSP126、SSP245 和 SSP585 情景下预计分别增加约 11. 13% 、11. 27% 和 5. 32% ;较高阈值组合(P_{30} 和 T_{70})的复合高温干旱事件在三个情景下预计分别增加约 31. 80% 、33. 66% 和 28. 78% 。可以看出,阈值组合越高,复合高温干旱事件的增加幅度越大。

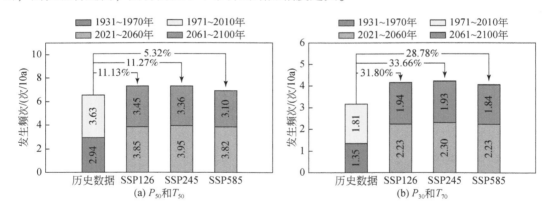

图 10.5　1931 ~ 1970 年、1971 ~ 2010 年、2021 ~ 2060 年和 2061 ~ 2100 年基于不同
阈值组合中国夏季复合高温干旱事件发生频次及相对变化图

SSP126 和 SSP245 情景下中国平均复合高温干旱事件的增长幅度差异较小,而 SSP585 情景下中国平均复合高温干旱事件频次的增长幅度低于另外两个情景(SSP245 和 SSP126)。通过图 10. 1 和图 10. 2 可以看出,随着气温的升高,基于 SSP585 情景下的夏季降水相比其他两种情景下增加更多,这在一定程度上缓解了复合高温干旱事件的增加。另外,与 2021 ~ 2060 年时段相比,2061 ~ 2100 年期间不同情景下基于不同阈值的复合高温干旱事件发生频次均呈现出轻微的下降趋势,这主要与 21 世纪中后期中国降水增加有关。

10.3.4　复合高温干旱事件影响面积变化

　　图 10.6 为历史和未来时期中国夏季复合高温干旱事件发生面积的经验累积概率分布图。与历史时期（1931～2010 年）相比，2021～2100 年中国夏季复合高温干旱事件发生面积概率分布曲线发生了明显右移，这表明未来复合高温干旱事件发生面积预计会进一步增加。从不同情景来看，三种 SSP 情境下复合高温干旱事件覆盖面积的变化趋势较为一致。从不同阈值组合来看，较高阈值组合的复合高温干旱事件发生面积增加更明显。

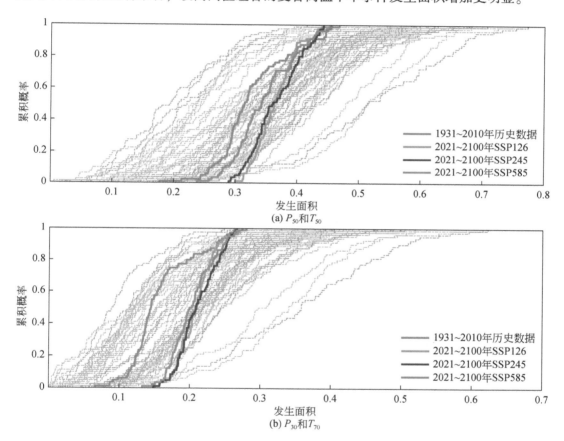

图 10.6　历史和未来不同情景下基于不同阈值组合的中国夏季复合高温干旱事件发生面积
累积概率分布图
粗线表示观测值和多模式平均值，细线表示单一模式的模拟值

　　图 10.7 统计了历史和未来不同情景下基于不同阈值组合的中国夏季复合高温干旱事件发生面积数值分布。随着阈值的升高（即由 P_{50} 和 T_{50} 到 P_{30} 和 T_{70}），复合高温干旱事件的覆盖面积也随之减小（由于复合事件样本减少）。例如，当阈值组合由 P_{50} 和 T_{50} 增加到 P_{30} 和 T_{70} 时，历史情境下，中国复合高温干旱事件平均发生面积由 32.85% 下降到 15.82%。对于各阈值组合的复合高温干旱事件，平均发生面积在未来各情景下相比历史

时期均呈现增加趋势。例如，对于高阈值组合的复合高温干旱事件，由历史时期到未来SSP126、SSP245 和 SSP585 情景下，中国夏季复合高温干旱事件平均发生面积由 15.82%增加到 20.85%、21.14% 和 20.37%，未来均呈增加趋势。

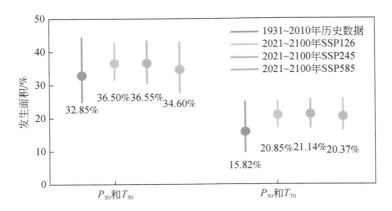

图 10.7　历史和未来不同情景下基于不同阈值组合的中国夏季复合高温干旱事件发生
面积数值分布图
图形下方的数字代表均值

复合高温干旱事件阈值组合越高，发生面积的增长幅度越大。SSP126 和 SSP245 情景下中国复合高温干旱事件平均发生面积的增长幅度差异较小，而 SSP585 情景下的平均发生面积增长幅度低于另外两个情景。总体而言，21 世纪中国复合高温干旱事件的发生面积预计将超过历史时期，这一结果表明未来中国将有更多的地区发生复合高温干旱事件。

10.4　本 章 小 结

基于 CMIP6 的预估结果表明，中国未来降水和气温均呈现整体增加的趋势。未来复合高温干旱事件的发生频次整体呈现增加趋势，其中中国西南地区增加较多。此外，未来不同情景下，复合高温干旱事件发生面积均增加。值得注意的是，随着全球气候变暖的进一步加剧，更高阈值组合的复合高温干旱事件发生频次和发生面积的增长幅度更高。因此，迫切需要采取相应措施来减少人类活动对气候变化的影响，降低复合高温干旱事件的发生概率。

第11章 1.5℃和2℃升温下中国复合高温干旱事件预估

11.1 研究背景

IPCC第六次报告指出，相比于前工业化时段1850~1900年，2011~2020年的全球温度增加了约1.09℃（Masson-Delmotte et al.，2021），许多地区（包括中国）呈现温度上升的趋势。与此同时，极端天气和气候事件频发且强度增加，对生态系统和人类社会造成严重威胁（Frank et al.，2015；Betts et al.，2018）。为了更好地应对气候变暖背景下极端天气和气候事件及其风险，2016年全世界178个缔约方共同签署了气候变化协定，即《巴黎协定》，提出的长期目标是控制全球平均温度较前工业化时代上升幅度在2℃以内，努力将升温幅度限制在1.5℃以内（Rogelj et al.，2016）。已有大量研究表明相对于前工业化时代升温1.5℃，升温2℃将会在全球和区域上对水资源、农业、生态、健康等部门带来更大的风险（Stocker et al.，2013；King and Karoly，2017；Betts et al.，2018；Naumann et al.，2018；Lewis et al.，2019；Sun Q. H. et al.，2019；Shi et al.，2021a；Xu et al.，2021）。如已有研究结果表明干旱损失随着全球变暖而急剧增加，地中海等地区在2℃升温条件下的干旱风险也将比1.5℃升温条件下增加（Masson-Delmotte et al.，2018）。

大量研究表明在全球平均温度达到1.5℃和2℃升温水平时期，中国区域的温度增幅将远高于全球平均水平（胡婷等，2017；Lin et al.，2018；王晓欣等，2019）。在全球变暖的背景下，一些学者基于区域气候模式（RCMs）和全球气候模式（GCMs）开展了不同升温水平下中国极端事件（如气象干旱，农业干旱等）的预估研究（Su et al.，2018；Sun et al.，2018；Wu J. et al.，2020）。陈晓晨等（2015）基于CMIP5模式，采用27个极端气候指标评估了不同升温情景下中国未来降水和温度的变化，研究结果揭示了随着升温水平的增加，极端降水呈现增强的趋势。同时，Chen和Yuan（2021）基于CMIP6模式，分析了未来全球不同升温水平下的农业干旱，结果显示在3℃的升温水平下，中国农业干旱的频率将增加约10%。Shi等（2018）基于CMIP5的三个未来不同情景的预估数据（RCP2.6，RCP4.5和RCP8.5），探究了未来1.5℃和2℃升温水平下中国高温事件的变化，结果表明中国平均和极端气温的增幅均大于全球增幅，2℃升温相比于1.5℃升温将导致中国大部分地区最热日-夜和最冷日-夜的气温增幅超过0.5℃。相比于1986~2005年，在1.5℃升温水平下中国干旱损失约增加10倍，而将全球升温控制在1.5℃以下，相比于2℃升温，则可以减少每年数百亿美元的干旱损失（Su et al.，2018）。

复合高温干旱事件造成的影响可能比单一干旱或者高温造成的影响更为严重，因此，关注未来不同升温水平下的复合高温干旱事件变化对于应对气候变暖带来的风险具有十分重要的意义。基于气候模式数据，已有研究开展了全球以及区域上的不同升温条件下复合高温干旱事件的变化。例如，基于 CMIP5 数据的高排放情景（RCP8.5），Wu 等（2021c）量化了在 1.5℃升温和 2℃升温水平下中国的复合高温干旱事件的频率变化，结果表明复合高温干旱事件频率在 1.5℃ 的升温水平约增加 96.42%，而在 2℃ 的升温水平将增加 121.91%。

本章基于最新的 CMIP6 气候模式数据，探究在 1.5℃和 2℃升温水平下中国复合高温干旱事件的频率变化。

11.2　数据和方法

11.2.1　气候模式数据

根据 CMIP6 气候模式数据（Eyring et al., 2016），本章选择 SSP585 情景下的模拟数据，主要包括 2015～2100 年的月降水量和月温度数据，并基于此分析 1.5℃和 2℃升温水平下中国复合高温干旱事件的频率变化。历史时期的数据则选用相对应模式的历史模拟，其时间跨度为 1850～2014 年。

11.2.2　1.5℃和2℃的升温计算方法

IPCC AR5 报告指出 1986～2005 年相较于前工业化时代升温约为 0.6℃，因此本章选择 1986～2005 年作为历史参考时间段，进而计算相对于参考时间段升温 0.9℃ 和 1.4℃ 的时期，最终确定每个模式 1.5℃ 和 2℃ 的升温时期。同时计算 2015～2100 年的 20 年滑动平均值，最后计算每个模式首次出现超过参考时期 1986～2005 年 0.9℃ 和 1.4℃ 的年份（如计算后 2015 年为 1.5℃ 的升温年份，则 2015～2034 年是 1.5℃ 的升温时段，2℃ 依次类推）。值得注意的是，本书采用的只是一种计算升温时段的方法，一些研究将升温时段定义为 1861～1900 年、1971～2000 年等（Betts et al., 2018），也有一些研究采用瞬时温度、峰值温度等来定义升温水平。

11.2.3　1.5℃和2℃升温水平下复合高温干旱事件的定义方法

本章采用联合阈值法在季节尺度上定义复合高温干旱事件，参考历史时期 1986～2005 年的夏季降水量和温度，计算历史时期（1986～2005）夏季降水量的第 30 百分位数（P_{30}）和温度的第 70 百分位数（T_{70}）作为阈值组合（即同时满足降水量小于等于第 30 百分位数和温度高于第 70 百分位数），在升温 1.5℃ 和 2℃ 的时段分别计算夏季复合高温干旱事件发生的频率。

11.2.4　未来1.5℃和2℃升温复合高温干旱事件变化

首先，计算每个模式每个格点上 1986～2005 年，以及升温 1.5℃ 和 2℃ 时段的复合高温干旱事件的发生频率，进而计算不同升温时段对于历史时期复合高温干旱事件频率的相对变化百分比，得到 1.5℃ 和 2℃ 升温条件下复合高温干旱事件频率变化的结果，如下：

$$X_w = \frac{F_w - F_p}{F_p} \times 100（\%）\tag{11.1}$$

式中，F_w 为 1.5℃、2℃ 升温时段的复合高温干旱事件的频率；F_p 为参考时期（1986～2005 年）的复合高温干旱事件的频率；X_w 为 1.5℃、2℃ 升温较 1986～2005 年的复合高温干旱事件频率的相对变化百分比。

2℃ 升温较 1.5℃ 升温复合高温干旱事件的变化如下：

$$X_{0.5} = X_2 - X_{1.5}（\%）\tag{11.2}$$

式中，$X_{0.5}$ 为额外 0.5℃ 升温下复合高温干旱事件的变化。

11.3　不同升温情景的预估结果

11.3.1　升温时段

根据上述方法计算得到每个模式的升温时段如表 11.1 所示（Meng et al.，2022）。结果表明相对于前工业化时代，在 SSP585 的情景下，CMIP6 气候模式的多数模式表现出未来升温 1.5℃ 将发生在 2040 年之前，升温 2℃ 将发生在 2060 年前。

表 11.1　CMIP6 模式的 1.5℃，2℃ 升温时段

模式（样本）	1.5℃ 升温	2℃ 升温
CIESM（r1i1p1f1）	2017～2036 年	2028～2047 年
CMCC-ESM2（r1i1p1f1）	2018～2037 年	2027～2046 年
FGOALS-f3-L（r1i1p1f1）	2015～2034 年	2027～2046 年
FGOALS-g3（r1i1p1f1）	2016～2035 年	2033～2052 年
GFDL-ESM4（r1i1p1f1）	2019～2038 年	2033～2052 年
INM-CM5-0（r1i1p1f1）	2015～2034 年	2028～2047 年
MIROC6（r1i1p1f1）	2018～2037 年	2032～2051 年
MIROC6（r2i1p1f1）	2020～2039 年	2031～2050 年
MIROC6（r3i1p1f1）	2023～2042 年	2032～2051 年
MPI-ESM1-2-LR（r1i1p1f1）	2023～2042 年	2035～2054 年
NorEMS2-LM（r1i1p1f1）	2022～2041 年	2037～2056 年

11.3.2　1.5℃ 和 2℃ 升温下中国夏季降水和温度的变化

图 11.1 显示了在 1.5℃ 升温、2℃ 升温和 2℃ 升温相较于 1.5℃ 升温中国夏季降水变化

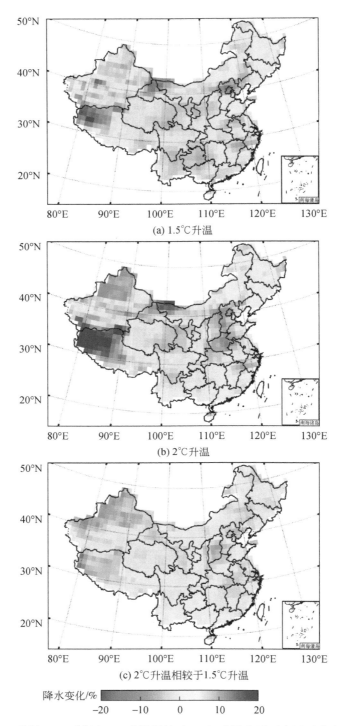

(a) 1.5℃升温

(b) 2℃升温

(c) 2℃升温相较于1.5℃升温

降水变化/%

−20 −10 0 10 20

图 11.1　1.5℃升温、2℃升温和2℃升温相较于1.5℃升温水平下中国夏季降水空间变化图

台湾省数据暂缺

的空间分布图。结果表明，1.5℃和2℃升温情景下，中国西北、华北和华东部分地区降水呈现一定的增加（Yang X. L. et al., 2021）。在2℃升温水平下，相较于1.5℃升温，中国西藏等地区降水增加，而在新疆等地区降水减少。图11.2则为不同升温条件下中国夏季高温事件的频率变化，结果显示未来中国高温事件均呈现增加趋势。相比于1.5℃升温，2℃升温水平下中国高温事件总体增加。

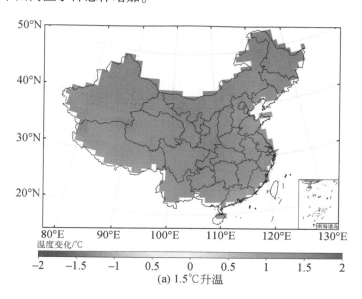

(a) 1.5℃升温

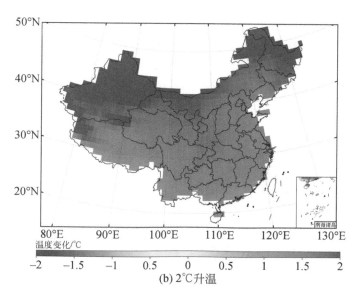

(b) 2℃升温

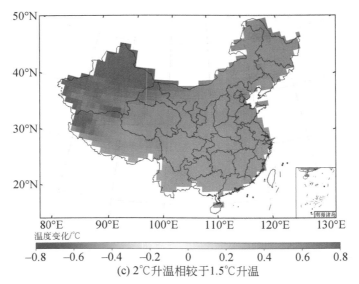

(c) 2℃升温相较于1.5℃升温

图11.2　1.5℃升温、2℃升温和2℃升温相较于1.5℃升温水平下中国夏季温度空间变化图

台湾省数据暂缺

11.3.3　1.5℃和2℃升温条件下中国复合高温干旱事件的变化

在1.5℃升温条件下，中国的复合高温干旱事件相比于历史参考时期呈现出增加的趋势，如图11.3（a）所示。空间模式上看，复合高温干旱事件的频率在区域上存在较大差异，如在中国西南和东北地区复合高温干旱事件的发生频率呈现出较为显著的增加，而中国华北和华东部分地区复合高温干旱事件的发生频率增加较低。在全球平均气温较前工业化时期升温2℃时，复合高温干旱事件的发生频率总体上增加，如图11.3（b）所示。在

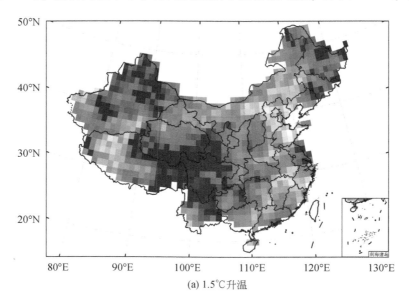

(a) 1.5℃升温

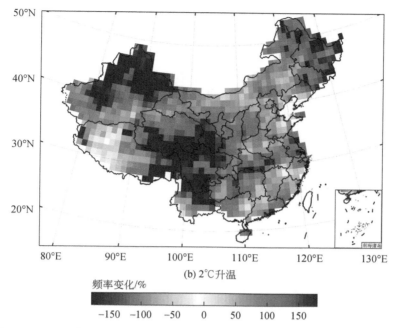

(b) 2℃升温

频率变化/%

−150 −100 −50 0 50 100 150

图 11.3   1.5℃升温和2℃升温水平下中国夏季复合高温干旱事件的频率变化图
台湾省数据暂缺

空间分布上，两种升温水平下复合高温干旱事件的发生频率变化较为类似。图 11.4 采用
箱型图进一步量化了复合高温干旱事件频率在不同的升温水平下的变化，基于中位数的相
对变化表明，在 1.5℃和 2℃升温水平下，复合高温干旱事件频率均呈现出增加趋势（中
值分别为 89% 和 92%）。

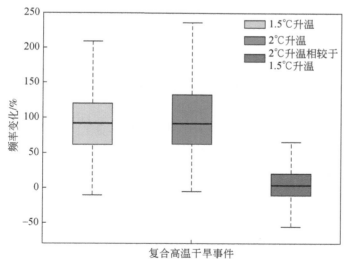

图 11.4   1.5℃升温、2℃升温和2℃升温相较于 1.5℃升温水平下中国夏季复合
高温干旱事件频率变化的箱型图

11.3.4　2℃升温相较于1.5℃升温水平下中国复合高温干旱事件的变化

　　为了进一步比较2℃升温与1.5℃升温的频率变化，图11.5展示了2℃升温与1.5℃升温导致的复合高温干旱事件变化差异。结果约55%的格点显示出复合高温干旱事件的增加，具体来说，中国西北、东北和华东部分地区复合高温干旱事件增加明显，西南和华南北部地区也呈现一定的增加趋势。

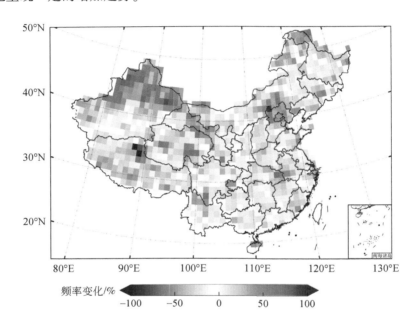

图11.5　2℃升温相较于1.5℃升温水平下中国夏季复合高温干旱事件频率变化图
台湾省数据暂缺

11.3.5　复合高温干旱事件的区域变化

　　11.3.4节分析了中国区域复合高温干旱事件的总体变化，从图11.3和图11.5可以看出复合高温干旱事件的频率变化区域差异较大。图11.6则进一步展示了中国7个区域复合高温干旱事件频率在不同升温条件下的变化。结果表明在1.5℃的升温条件下，中国西北，东北和西南地区的复合高温干旱事件较历史时期增加更多。在2℃升温相较于1.5℃升温水平下，预估结果表明中国西北，东北和华东地区将发生更为频繁的复合高温干旱事件。

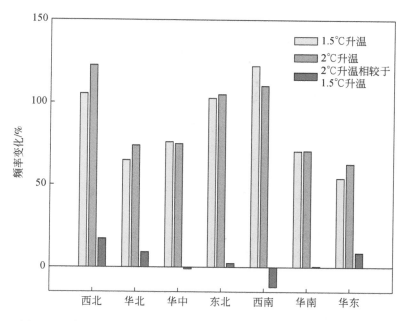

图 11.6　中国夏季复合高温干旱事件在不同升温条件下的频率变化图

11.4　本 章 小 结

本章基于 CMIP6 气候模式数据，研究了 1.5℃升温和 2℃升温水平下中国夏季复合高温干旱事件的频率变化。结果显示在全球变暖的影响下，相较历史参考时期（1986～2005年），中国复合高温干旱事件频率在 1.5℃升温水平下将增加 89%，在 2℃升温水平下预计将增加 92%。在空间分布上则表现出较大的差异，相比于 1.5℃升温，在 2℃升温水平下中国西北、东北和华东地区的复合高温干旱事件频率增加较大。这进一步表明在未来将升温幅度控制在 1.5℃以内，对减小区域复合高温干旱事件造成的风险有重要意义。需要注意的是，模式选择及升温时段选择等因素均会影响本章预估结果。

第 12 章 中国复合高温干旱事件预估的不确定性分析

12.1 研 究 背 景

气候模式是评估气候系统对不同强迫响应的主要工具，其基于不同的初始条件、模型结构、参数和外在强迫，生成大量的模拟数据集，可用于不同时间尺度上未来极端天气和气候事件的预估研究（Tebaldi and Knutti，2007）。但是由于气候模式涉及多个复杂的过程和参数等因素，研究结果往往存在相当大的不确定性（Hawkins and Sutton，2011；Schwarzwald and Lenssen，2022；Wu Y. et al.，2022），这会给研究者、决策者和政府部门在解释未来极端事件的预估结果以及制定适应性措施带来非常大的挑战（Walker et al.，2003；Parry et al.，2016）。从广义上来讲，气候模式的不确定性主要可分为三类：第一类不确定性的来源为气候系统的内部自然变化（内部变率），即在一个无人类活动影响的自然变化状态下，气候系统会在几周、几年甚至更长的时间尺度上产生波动，比如厄尔尼诺–南方涛动（ENSO），这种波动在未来难以预测；第二类则是模式响应的不确定性，即一系列气候模式由其结构和物理参数的设置，在同一辐射强迫情景下，对未来气候变化信号的响应仍会产生差异；第三类为辐射强迫的不确定性，即未来未知的排放情景的不确定性（Hawkins and Sutton，2011；Lehner et al.，2020）。

一些研究对降水、温度等未来预估的不确定性来源进行区分。Hawkins 和 Sutton（2011）基于 CMIP3 的降水模拟评估了三种不确定性的相对贡献，结果表明，模型不确定性是全球平均降水预估不确定性的主要来源。基于 CMIP5、CMIP6 以及单一模式初值扰动大样本集合（Single Model Initial-condition Large Ensembles，SMILEs）的输出数据，Lehner 等（2020）研究表明全球十年平均温度的不确定性在 21 世纪后期主要是情景不确定性主导，而全球十年平均降水的不确定性主要来源于模型和情景间的差异。不确定性的量化分析与空间尺度有关，基于气候模式数据，一些研究在区域上开展了不确定性的量化分析（You et al.，2021；Chen and Yuan，2022）。例如，You 等（2021）基于三个未来情景下的 20 个 CMIP6 模式，量化了未来中国温度变化的不确定性，结果表明无论是在中国尺度上或者是在区域尺度上（如中国西北地区），模型不确定性是未来近期中国温度不确定性的主导因素，随着时间的推移，情景不确定性在未来将成为主导因素。

目前的研究多数是基于 CMIP5 和 CMIP6 模式数据对单一变量（如降水量、温度）进行不确定性来源的区分量化（Chen et al.，2014；Woldemeskel et al.，2016；Zhou et al.，2018），但是当有限数量的模式用于区分不确定性时，很难将内部变率不确定性与气候响应区分开。大样本集合模拟数据为估计气候变化内部变率的不确定性提供了有效工具（Bevacqua et al.，2023）。一个大样本集合由多个基于相同模式物理和相同外强迫的单一气候模式模拟（即集合成员）组成，但每个模式从略有不同的初始状态开始。因此，集合中的每个成员仅由于内部气候的变化而不同（Bevacqua et al.，2023）。通过使用同一个气候系统模式，在相同的外部强迫条件下，进行多个不同初始值的模拟试验，可以量化气候系统内部变率的贡献。大样本集合已成为目前模型不确定性评估以及极端事件预估等领域的研究热点。目前大样本模型主要有美国国家大气研究中心（NCAR）提供的 CanESM2、CESM-LE、CSIRO-MK3-6-0、GFDL-ESM2M、GFDL-CM3 等，德国马克斯·普朗克的 MPI-GE 集合和英国气象局哈德利中心 HadCRUT5，以及中国科学院大气物理研究所自主研制的中国首套气候系统模式 FGOALS-g3。

目前，基于大样本集合数据对复合高温干旱事件未来预估的不确定性分析研究较少（Zhou and Liu，2018；Bevacqua et al.，2023）。本章首先将基于大样本集合探究未来近期、中期、远期中国夏季复合高温干旱事件的变化，并量化复合高温干旱事件预估的三种不确定性来源。

12.2　数据和方法

12.2.1　单模型初始条件大集合

本章主要基于单一模式初值扰动大样本集合（SMILEs）提供的月降水和月温度数据对中国复合高温干旱事件进行预估及不确定性分析。本章采用数据来源于美国 CLIVAR 大型集合工作组（CLIVAR LE project），使用了基于 RCP8.5 场景下五个模式的集合，它们分别是 CanESM2（50 个集合成员）、CESM1-CAM5（40 个集合成员）、CSIRO-MK3-6-0（30 个集合成员）、GFDL-CM3（20 个集合成员）、MPI-ESM-LR（100 个集合成员）。表12.1 中提供了包括模型分辨率及其时间范围在内的更多信息，具体介绍可参考 NCAR 网址（https：//www.cesm.ucar.edu/community-projects/mmlea）。

12.2.2　CMIP5 气候模式数据

由于 5 个 SMILEs 中部分成员缺少未来不同排放情景的数据（有些模式仅提供一种排放情景下的数据），参考已有研究（Schwarzwald and Lenssen，2022），本研究选择了 21 个CMIP5 模式（每个模型选择一个集合成员）的月降水量和温度数据，这些模型均包含了历史模拟和未来 RCP2.6（低排放），RCP4.5（中等排放）和 RCP8.5（高排放）情景下的月降水量和月温度数据，基于此计算中国复合高温干旱事件未来预估中的排放情景不确定性（Taylor et al.，2012）。CMIP5 模式的信息列于表 12.2 中。本章中使用的所有气象数据的空间分辨率均统一为 2°×2°。

表 12.1　5 个单模式初始条件大集合模式信息

机构	模式	模拟时段	空间分辨率	成员数量/个	试验
CCCMA[①]	CanESM2	1950~2100 年	128×64	50	历史数据，RCP8.5
CSIRO[②]	CSIRO-MK3-6-0	1850~2100 年	192×96	30	历史数据，RCP8.5
GFDL[③]	GFDL-CM3	1920~2100 年	144×90	20	历史数据，RCP8.5
MPI	MPI-ESM-LR	1850~2099 年	192×96	100	历史数据，RCP8.5
NCAR	CESM1-CAM5	1920~2100 年	288×192	40	历史数据，RCP8.5

注：①加拿大气候建模与分析中心；②澳大利亚联邦科学与工业研究组织；③美国地球物理流体动力学实验室。

表 12.2　CMIP5 模式信息

气候模式	机构（缩写，国家）	空间分辨率
BCC-CSM1-1	国家（北京）气候中心（BCC，中国）	128×64
BNU-ESM	北京师范大学（BNU，中国）	128×64
CanESM2	加拿大气候建模与分析中心（CCCMA，加拿大）	128×64
CNRM-CM5	国家气象研究中心和欧洲科学计算研究及高级培训中心（CNRM-CERFACS，法国）	256×128
CSIRO-MK3-6-0	澳大利亚联邦科学与工业研究组织（CSIRO，澳大利亚）	192×96
FGOALS-g2	中国科学院大气物理研究所 LASG 国家重点实验室（LASG-IAP，中国）	128×60
FIO-ESM	自然资源部第一海洋研究所（FIO，中国）	128×64
GFDL-CM3	地球物理流体动力学实验室（GFDL，美国）	144×90
GISS-E2-H	戈达德太空研究所（GISS，美国）	144×90
GISS-E2-R	戈达德太空研究所（GISS，美国）	144×90
IPSL-CM5A-LR	皮埃尔-西蒙拉普拉斯研究所（IPSL，法国）	96×96
IPSL-CM5A-MR	皮埃尔-西蒙拉普拉斯研究所（IPSL，法国）	144×143
MIROC5	东京大学大气与海洋研究所、国家环境研究所和日本海洋科学技术中心（AORI-NIES-JAMSTEC，日本）	256×128
MIROC-ESM	东京大学大气与海洋研究所、国家环境研究所和日本海洋科学技术中心（AORI-NIES-JAMSTEC，日本）	128×64
MIROC-ESM-CHEM	东京大学大气与海洋研究所、国家环境研究所和日本海洋科学技术中心（AORI-NIES-JAMSTEC，日本）	128×64
MPI-ESM-LR	马普气象研究所（MPI-M，德国）	192×96
MPI-ESM-MR	马普气象研究所（MPI-M，德国）	192×96
MRI-CGCM3	日本气象局气象研究所（MRI，日本）	320×160
NorESM1-M	挪威气候中心（NCC，挪威）	144×96
NorESM1-ME	挪威气候中心（NCC，挪威）	144×96

12.2.3　复合高温干旱事件预估不确定性分析方法

本章的复合高温干旱事件基于阈值法进行定义（Beniston，2009；Hao et al.，2019b），由于大样本集合可提供样本量足够大的数据，因此本研究采用 1980~2009 年作为历史基准时期（30 年），选择此时段夏季降水量和温度的极端阈值（即降水量的第 10 百分位数和温度的第 90 百分位数）定义复合高温干旱事件（Bevacqua et al.，2022）。本节主要分析未来近期（2010~2039 年），中期（2040~2069 年）和远期（2070~2099 年）复合高温干旱事件的频率变化（发生次数除以时段的季节总数）。

参考已有研究（Hawkins and Sutton，2009；Schwarzwald and Lenssen，2022），本章通过计算方差量化气候模式中的 3 个不确定性来源（即内部变率不确定性、模型不确定性和情景不确定性）。首先总不确定性（total uncertainty，TU）定义为 3 个不确定性的总和：

$$TU = I(t) + M(t) + S(t) \tag{12.1}$$

式中，$I(t)$，$M(t)$，$S(t)$ 分别为气候模式的内部变率不确定性、模型不确定性和情景不确定性；t 代表了在某一时刻或时间段。

基于单一模式初值扰动大样本集合数据，首先计算了气候模式的内部变率（internal variability，IV）和模型不确定性（model uncertainty，MU）。

$$IV = \frac{1}{N_m}\left[\frac{1}{N_e - 1}\sum_{i=1}^{N_e}(e_i - e_{ave})^2\right] \tag{12.2}$$

式中，N_m 为模型的数量；N_e 为单个模型中集合的数量；e_i 为模型的第 i 个集合成员的复合高温干旱事件的频率或空间范围；e_{ave} 为单个模型的所有集合成员的平均值。

$$MU = \frac{1}{N_m - 1}\sum_{m=1}^{N_m}(x_m - x_{ave,m})^2 \tag{12.3}$$

式中，x_m 和 $x_{ave,m}$ 分别为第 m 个模型集合平均和多模型集合平均的复合高温干旱事件的频率或空间范围。

此外，由于 SMILEs 中的未来情景不足，本章使用了 CMIP5 模式未来 3 个不同情景 RCP2.6，RCP4.5 和 RCP8.5 下的 21 个模型来计算复合高温干旱事件的情景不确定性（scenario uncertainty，SU）：

$$SU = \frac{1}{N_s - 1}\sum_{s=1}^{N_s}(x_s - x_{ave,s})^2 \tag{12.4}$$

式中，N_s 为情景的数量；x_s 和 $x_{ave,s}$ 分别为第 s 个情景下多模型平均的复合高温干旱事件的频率或空间范围和三个情景的平均结果。

首先，计算复合高温干旱事件未来三个时期（近期、中期、远期）的频率。其次，根据上述方法计算三种不确定性，假设三种不确定性相互独立，计算未来三个时段不确定性主导因素的空间分布。

12.3　预估不确定性分析结果

12.3.1　复合高温干旱事件的未来演变

　　首先计算基准时期和未来三个时期中国复合高温干旱事件频率的空间分布,如图12.1所示。多模型平均结果表明在空间分布上,未来复合高温干旱事件预计在中国西北以及西南等地区发生较为频繁。另外,与历史基准时期相比,未来中国复合高温干旱事件频率总体呈增加趋势。本章同样展示了五个模式的复合高温干旱事件的频率变化,如图12.2所示。结果表明在2010~2039年时期,五个模式呈现出总体较为一致的空间分布,但是在未来2040~2069年和2070~2099年期间,模式间的差异在空间分布上变得十分突出。因此,在未来预估的研究中,考虑气候模式的不确定性十分必要。

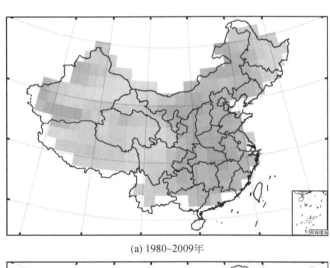

(a) 1980~2009年

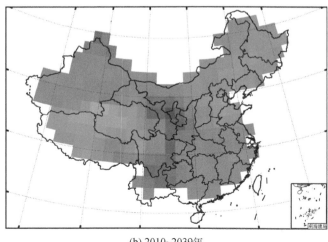

(b) 2010~2039年

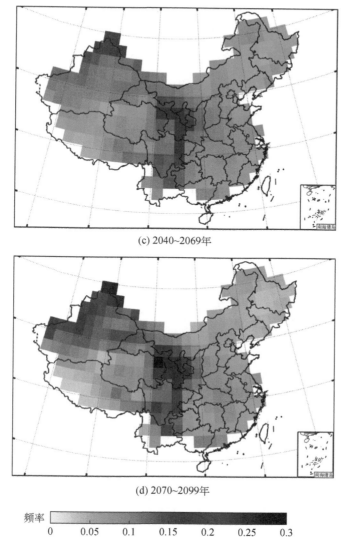

(c) 2040~2069年

(d) 2070~2099年

频率
0　0.05　0.1　0.15　0.2　0.25　0.3

图 12.1　1980～2009 年、2010～2039 年、2040～2069 年和 2070～2099 年四个时期
中国夏季复合高温干旱事件频率的空间分布图（基于多模型集合平均值）
台湾省数据暂缺

12.3.2　不确定性分析

本节在空间分布上量化了未来近、中、远期复合高温干旱事件频率的不确定性，如图 12.3 所示。在近期，内部变率的不确定性主导了中国大部分地区，尤其是在东部地区，而在 2040～2069 年，模型间的不确定性主导了中国西部的大多数地区，中国东北地区的不确定性的主要来源仍为气候模式的内部变率。在 2070～2099 年期间，复合高温干旱事件

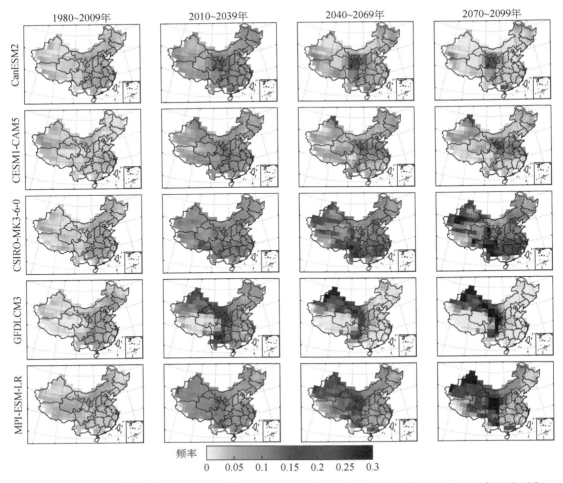

图 12. 2　基于单一模式的 1980～2009 年、2010～2039 年、2040～2069 年和 2070～2099 年四个时期
中国夏季复合高温干旱事件频率的空间分布图（基于五个单模型初始条件大集合）
台湾省数据暂缺

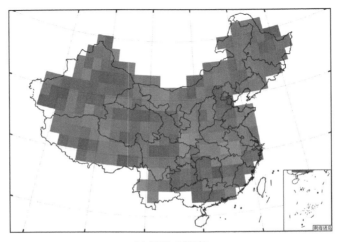

(a) 2010～2039年

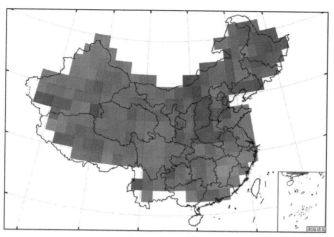

(b) 2040~2069年

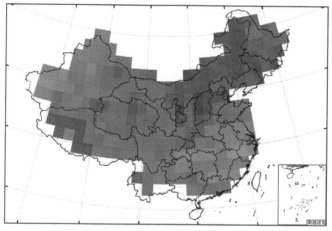

(c) 2070~2099年

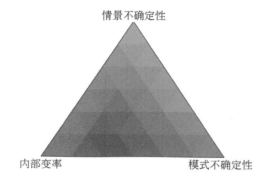

图 12.3 近期、中期和远期中国夏季复合高温干旱事件预估的
不确定性来源分布图（基于 P_{10} 和 T_{90} 阈值组合）

台湾省数据暂缺

频率的不确定性在中国大部分地区（特别是西部）由模型间不确定性主导，在华东部分地区，情景不确定性贡献也较大。不确定性在未来近、中、远期的变化进一步显示了从近期到远期，复合高温干旱事件频率的不确定性由内部变率主导变为由模式不确定性主导（图12.4）。

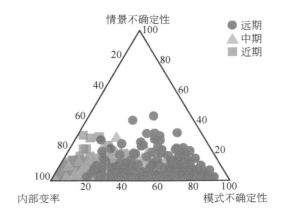

图12.4　近期、中期和远期中国区域格点的三个不确定性来源示意图（基于 P_{10} 和 T_{90} 阈值组合）

12.3.3　阈值比较

本节进一步采用了降水量的第20百分位数（P_{20}）和温度的第80百分位数（T_{80}）定义复合高温干旱事件，计算三种不确定性相对贡献的空间分布如图12.5所示。结果显示近期中国的大部分地区不确定性的主导因素主要是内部变率，中期和远期则由模式的不确定性主导，与基于 P_{10} 和 T_{90} 阈值组合得到的结果基本一致。基于 P_{20} 和 T_{80} 阈值组合得到复合高温干旱事件频率不确定性的三元相图如图12.6所示，从未来近期到远期，中国复合高温干旱事件频率的不确定性由内部变率主导转变为模式不确定性主导。

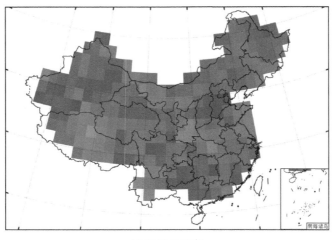

(a) 2010~2039年

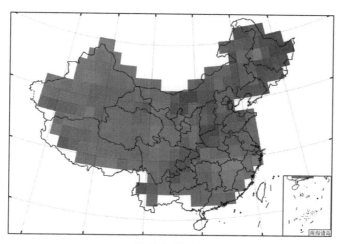

(b) 2040~2069年

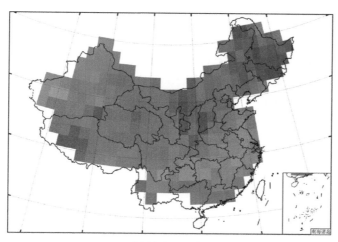

(c) 2070~2099年

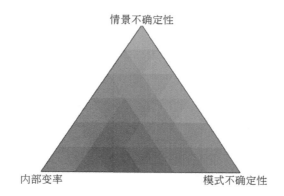

图 12.5　近期、中期和远期中国夏季复合高温干旱事件预估的
不确定性来源分布图（基于 P_{20} 和 T_{80} 阈值组合）
台湾省数据暂缺

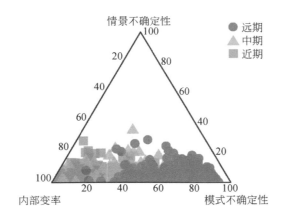

图 12.6　近期、中期和远期中国区域格点的三个不确定性来源示意图（基于 P_{20} 和 T_{80} 阈值组合）

12.4　本 章 小 结

　　本章节基于五个单一模式初值扰动大样本集合（SMILEs）以及 21 个 CMIP5 模式数据，采用 1980~2009 时段夏季降水量的第 10 百分位数和温度的第 90 百分位数（同时满足降水量小于等于 P_{10} 和温度高于 T_{90}）定义复合高温干旱事件，计算了未来近期、中期和远期三个时期中国复合高温干旱事件的频率变化，并评估了内部变率、模式不确定性和情景不确定性的相对贡献。结果表明，从近期到远期复合高温干旱事件频率的不确定性由内部变率主导转变为模式不确定性主导。

第13章 中国复合高温干旱事件的风险评估

13.1 研究背景

随着全球平均气温的升高，中国干旱和极端高温的频率和强度都有所增加。研究表明中国未来复合高温干旱事件可能还会进一步增加，给农业生产和社会经济等部门带来巨大风险。因此，在全球变暖的背景下，由于中国气温快速上升以及自然环境和人类社会脆弱性的特点，预估复合高温干旱风险对全球变暖背景下制定适应性措施具有重要意义。

一些学者对不同地区的干旱和高温风险进行了评估（He et al., 2013；Prabnakorn et al., 2019；Blauhut, 2020；Monteleone et al., 2022）。虽然存在不同的定义或概念，但干旱风险评估通常基于危险性、暴露度和脆弱性（Carrão et al., 2016；Zhao et al., 2020）。干旱的危险性通常是根据干旱指标的频率、严重程度或回归期来定义，而暴露度和脆弱性主要基于农业、社会和经济指标（Hagenlocher et al., 2019；Prabnakorn et al., 2019）。例如，Dai 等（2020）等结合暴露度、脆弱性和恢复力评估了中国珠江三角洲地区的农业干旱风险动态变化，发现在过去 50 年里，大多数地区的农业干旱风险显著增加。通过结合危险性（如与高温有关的指标）、暴露度和脆弱性，也可以类似地评估农业的高温风险（Teixeira et al., 2013；Dong Z. Q. et al., 2018；Sharma et al., 2020；Wang et al., 2021b）。

近年来，复合高温干旱对农业带来的风险得到了重视。然而，以往的研究主要是从危险性或暴露度的角度来评估风险，如研究表明历史时期中国复合高温干旱事件的频率和强度增加（与危险性相关的特征），这导致暴露于复合高温干旱事件的中国耕地（或人口）增加（Yu and Zhai, 2020a；Feng Y. et al., 2021；Wu et al., 2021c）。尽管目前中国区域复合高温干旱事件的危险性或暴露度方面已经取得了较多进展，但是综合考虑危险性、暴露度和脆弱性的复合高温干旱风险评估仍然缺乏（Zhang et al., 2023）。

本章考虑复合高温干旱事件的危险性（频率）、暴露度（耕地占比）和脆弱性（灌溉面积占比和 GDP），量化中国历史和未来时期复合高温干旱的农业风险。我们首先探讨了 1967~1990 年和 1991~2014 年两个时期复合高温干旱的危险性和耕地暴露度的变化，并基于灌溉面积占比和国内生产总值（gross domestic product，GDP）进行脆弱性计算，构建中国复合高温干旱风险分布图，评估历史时期的风险变化。最后，基于 CMIP6 探讨了历史时期（1967~2014 年）和未来时期（2053~2100 年）复合高温干旱风险的变化。

13.2 干旱风险评估方法简介

干旱风险评估尚无统一的定义或者方法，目前常用的干旱风险评估方法一般是基于指标体系或者概率统计理论（屈艳萍，2018）。灾害风险一般可以认为由致灾因子危险性、承灾体暴露度以及承灾体脆弱性三个指标组成，当前研究多采用指标相乘的模型进行风险评估。具体来说，根据 IPCC 报告（IPCC，2012；IPCC，2022），风险的计算公式可表示为

$$R = H \times E \times V \tag{13.1}$$

式中，R 为风险；H、E、V 分别为危险性、暴露度、脆弱性指标。

13.2.1　危险性

一般来说，干旱强度越大、频率越高，干旱造成的损失越严重。干旱指标可以用于评估干旱发生的严重程度和频率，干旱的危险性通常可以基于干旱指标计算频率、严重程度、强度或回归期等特征来定义（Liu and Chen，2021；Guo et al.，2022）。

13.2.2　承灾体暴露度

IPCC 2012 年发布的《管理极端事件和灾害风险提升气候变化适应》特别报告将暴露度定义为人员、生计、环境服务和各种资源、基础设施以及经济、社会或文化资产处在有可能受到不利影响的位置（Field et al.，2012）。承灾体是灾害发生时主要的承灾要素，以干旱为例，干旱造成的损失不仅与干旱强度有关，而且与承灾体的类型密切相关。过去研究中更多地关注干旱灾害的自然属性，近年来人们逐步开始关注干旱的承灾体属性。总体来说，干旱对人类社会的影响是多方面的，其承灾体主要包括农业（产量损失率、受灾率、成灾率）、人口（受灾人口）以及经济（直接经济损失）等几个类型。

1）农业

农作物是干旱的直接承灾体。干旱发生时，农作物缺乏灌溉往往造成作物歉收，导致农作物大幅度减产甚至绝收，因此作物产量损失在旱灾损失中常占有相当高的比例。常用的反映农作物生产损失的数据主要有农作物产量和农作物灾情数据两类。在旱灾损失评估的研究中，许多学者从产量的角度入手，通过统计学方法或者物理模型方法研究了不同干旱强度下作物产量损失。反映农业旱灾损失的另一类数据是农作物灾情数据（赵思健等，2015），我国农业统计中把旱灾程度分成受灾、成灾和绝收三级，与农作物灾情相关的指标包括受灾面积、成灾面积和绝收面积。其中，受灾面积是指作物产量因灾减产10%以上的播种面积，成灾面积是指受灾面积中因灾减产30%以上的播种面积，绝收面积是指受灾面积中因灾减产80%以上的播种面积。因此，研究中可以通过受灾面积（成灾面积、绝收面积）除以播种面积，将得到的受灾率（成灾率、绝收率）作为衡量干旱造成的农业损失的指标。例如，王芝兰等（2015）等基于农作物旱灾受灾面积、成灾面积、绝收面积、播种面积及单位面积产量数据等，计算甘肃省的农业旱灾损失率，评估了甘肃省农业旱灾风险。需要注意的是，干旱造成作物产量的损失与干旱发生季节、作物品种及生育期有关。

2) 人口

干旱对人口的影响主要表现在人口数量和生活质量等方面。一方面，干旱可能导致生活用水紧张，灾情严重时可导致居民饮水困难，同时干旱造成的粮食减产在一些区域容易引起饥荒，严重威胁人们的健康。一些地区干旱甚至会引起人口死亡或人口迁移，造成地区人口数量的变动。另一方面，干旱除了影响生活及各行业的正常用水需求，同时可能造成水力发电量减少，能源紧张，严重时可能造成大面积停水停电，给城乡居民用水用电带来严重影响。目前，基于中国气象灾害的统计数据，可以选取受灾人口数、饮水困难人口数等作为干旱对人口造成影响的指标（赵珊珊等，2017；赵佳琪等，2021）。

3) 经济

干旱对农业、林业、牧业、工业、内河航运等社会经济部门产生深远的影响。干旱造成的经济损失包括可以用货币估价的直接经济损失（即干旱造成的农林牧渔业、工业信息交通运输业、水利设施和其他相关经济损失的总和），也包括社会经济系统中可以产生经济效益的其他环节的中断或破坏所造成的间接损失（如受灾区用水企业停产造成的损失及非受灾区用水活动受波及的损失）。干旱灾害造成社会经济损失的评估往往比其他自然灾害更为复杂，这一方面是因为干旱的发展普遍较慢且持续时间较长，因此往往难以确定干旱发生或结束时间；另一方面是因为干旱可能产生一系列间接影响，扩大到其他部门或者区域，导致准确界定干旱影响范围较为困难。研究中一般可以选取旱灾直接经济损失作为旱灾造成的经济损失的衡量标准（Hou et al., 2019）。

13.2.3 脆弱性

除了灾害的危险性和暴露度，地区承灾体的脆弱性也十分重要。地区的脆弱性通常指承灾体受到不利影响的趋势或倾向，是体现承灾体对于灾害承受能力的一个指标。脆弱性通常由各种背景和特定影响因素驱动，包括环境、社会、经济、文化等方面（Hagenlocher et al., 2019）。脆弱性评估方法一般可以基于指标的脆弱性（Antwi-Agyei et al., 2012）或者基于风险损失曲线（也称脆弱性曲线）评估（Zhu X. F. et al., 2020）。

一些研究中选择 GDP 和灌溉面积等作为干旱脆弱性的评估指标，其中 GDP 反映地区的经济发展情况，越发达的地区一般越可以更好地缓解灾害带来的不利影响（Zhao et al., 2020）；灌溉面积的比例越高表明受干旱灾害的影响越小。因此，GDP 和灌溉面积与干旱的脆弱性都为负相关关系。在脆弱性指标的计算过程中，由于不同指标单位不同，一般需要进行标准化处理（Carrão et al., 2016）。常用的方法是采用最小–最大归一化方法将脆弱性指标归一化为 0~1 的值（Naumann et al., 2014；Ahmadalipour and Moradkhani, 2018）。基于多个脆弱性相关的指标计算脆弱性指数时，一般采用对标准化后的脆弱性指标进行加权。目前有不同的加权方法，一般可以用等权法和专家评分法等来确定每个指标的权重（Meza et al., 2021；Villani et al., 2022）。

13.2.4　脆弱性曲线

　　脆弱性曲线（危险损失曲线）一般作为危险强度与相应的损失（损失率）之间关系的量度，最初用于评估洪水地区的脆弱性，近几十年来被广泛应用于洪水、台风、冰雹等灾害研究中（Zhu X. F. et al.，2020）。为了反映干旱强度与相应的作物损失之间的定量关系，通常构建函数来反映致灾因子危险性（如干旱强度、频率）与作物因旱产量损失率之间的关系，并绘制脆弱性曲线，可以描述一定阶段作物损失随干旱强度的变化（Jia et al.，2012；Wang S. et al.，2018）。这种基于脆弱性曲线的农业干旱风险评估方法，可以用于计算不同干旱特征对应的损失（或损失率），相对来说比基于脆弱性指标的风险评估更为准确。干旱脆弱性曲线的构建一般可以基于统计学模型或者物理模型。例如，一些学者从作物模型的角度出发，对作物产量进行统计分析，构建冬小麦、玉米、水稻等作物的灾害脆弱性曲线（薛昌颖等，2003；董姝娜等，2014；张兴明等，2015；徐昆等，2020），并评估了作物的受灾风险。虽然统计模型对物理机制考虑较少，但是易于操作，在以往的研究中得到了大量的应用（Zhu X. F. et al.，2021）。

13.3　数据和方法

13.3.1　数据

　　本章使用 CN05.1 数据集 1967～2014 年的气象资料计算中国复合高温干旱事件的发生频率。对于耕地的暴露度，我们使用了美国国家航空航天局（National Aeronautics and Space Administration，NASA）社会经济数据和应用中心（Socioeconomic Data and Applications Center，SEDAC）提供的 2000 年全球耕地分布数据集，其空间分辨率为 0.083°×0.083°（Ramankutty et al.，2008）。对气象资料和耕地资料进行双线性插值，使其空间分辨率为 0.5°×0.5°。采用 1967～1990 年和 1991～2014 年两个时期的 GDP 和灌溉面积占比作为脆弱性指标（用 1990 年和 2015 年数据表示）。GDP 数据来自国家青藏高原科学数据中心（Liu et al.，2005），基于空间聚合的方法使其空间分辨率为 0.5°×0.5°。1990 年和 2015 年省份灌溉面积数据来自《中国统计年鉴》。灌溉数据在 ArcGIS 软件中导出栅格数据，重采样至分辨率 0.5°×0.5°。

　　为了评估复合高温干旱事件的未来农业风险，我们获取了 SSP585 情景下 CMIP6 模式模拟的月降水和气温数据。我们选择了 10 个分辨率相对较高的 CMIP6 模式（Zhang et al.，2023），所有模式都进行了双线性插值，使其分辨率为 0.5°×0.5°。我们采用了 1967～2014 年历史模拟和 2053～2100 年未来模拟数据（两个时期均为 48 年）。由于数据限制，对于未来的农业风险，我们只考虑了危险性的变化，并使用了与历史时期相同的暴露度和脆弱性指标。未来时期的暴露度是基于 2000 年的耕地面积比例，脆弱性（灌溉面积占比和 GDP）是基于 1990 年和 2015 年的平均值。

13.3.2　复合高温干旱的风险评估方法

根据之前干旱风险的研究,本章中复合高温干旱事件风险包括三个因素,即危险性(发生频率)、暴露度(耕地比例)和脆弱性(GDP 和灌溉面积占比)。风险的计算可以表示为危险性、暴露度、脆弱性指标的乘积。

1) 危险性指标

本研究中复合高温干旱事件的危险性指标定义为每个时期(即 1967～1990 年和 1991～2014 年)每个格点的发生频率(或发生的可能性)。我们选择基于百分位数的阈值来定义复合事件,干旱事件定义为月降水量小于等于第 25 百分位数,而高温事件则定义为月温度高于第 75 百分位数。1967～1990 年和 1991～2014 年两个历史时期(以及未来 2053～2100 年)的复合事件频率都是根据 1967～2014 年的阈值计算。两个时期的频率定义为复合高温干旱事件的发生次数(分别为 N_1 和 N_2)除以每个时期的总月数。为了比较两个时期的危险性变化,计算两个时期的相对变化(H_c)如下:

$$H_c = (N_2 - N_1)/N_1 \tag{13.2}$$

2) 暴露度指标

以 2000 年耕地比例作为暴露指标,我们计算了复合高温干旱事件的耕地暴露度,定义为每个格点上复合高温干旱的频率和耕地比例的乘积。每个格点的复合高温干旱暴露度(E_h)计算公式如下:

$$E_h = PC \times F \tag{13.3}$$

式中,E_h 为复合高温干旱的耕地暴露度;PC 为耕地占比;F 为复合高温干旱发生频率。

3) 脆弱性指标

本书选择 GDP 和灌溉面积占比作为脆弱性指标。GDP 越高、灌溉面积占比越大的地区一般越可以缓解复合高温干旱的不利影响,因此,GDP 和灌溉面积占比与脆弱性均呈负相关。由于单位的差异,对两个脆弱性指标进行归一化,本书采用最小–最大归一化方法将所有指标归一化到 0～1 的值,两个负相关指标的归一化可以表示为

$$X = \frac{Max(x) - x}{Max(x) - Min(x)} \tag{13.4}$$

式中,X 为归一化结果;x 为原始数据;$Max(x)$ 为 1990 年和 2015 年两个时期在所有网格上的 GDP(或灌溉面积占比)的最大值;$Min(x)$ 为用同样方法计算的最小值。

本书将两个指标赋予相同的权重,采用算术平均法计算脆弱性指标。

13.4　风险评估结果

13.4.1　复合高温干旱事件的危险性变化

图 13.1(a)为两个时期(1967～1990 年和 1991～2014 年)全国复合高温干旱事件

的危险性相对变化,七个区域结果如图 13.1(b)所示。中国大部分地区复合高温干旱的频率总体上有所增加。在区域尺度上,七个区域在这两个时期的频率都显示出增加趋势。其中东北、华北、西北、西南等地区频率增加较大,相对变化分别为 109%、199%、93% 和 97%。这些结果表明近几十年来中国复合高温干旱危险性呈增加趋势。

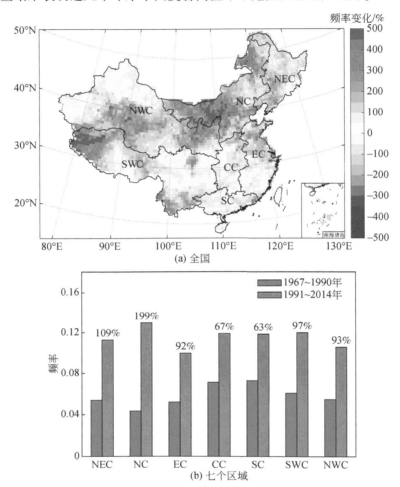

(a) 全国

(b) 七个区域

图 13.1　两个时期(1967~1990 年和 1991~2014 年)中国复合高温干旱危险性(频率)
在全国和七个区域的相对变化图
七个区域包括东北地区(NEC)、华北地区(NC)、华东地区(EC)、华中地区(CC)、华南地区(SC)、
西南地区(SWC)和西北地区(NWC);台湾省数据暂缺

13.4.2　复合高温干旱事件的暴露度变化

　　1967~1990 年和 1991~2014 年两个时期耕地暴露于复合高温干旱的变化情况如图 13.2 所示。比较两个时期的暴露度表明大部分区域的复合高温干旱事件耕地暴露度增加,如图 13.2(a)所示。由于两个时期选择了相同的耕地占比,暴露度的差异由复合高温干

旱变化的频率决定。图 13.2（b）显示了区域尺度上复合高温干旱暴露度的相对变化，这表明七个区域的暴露度都有所增加。东北、华北、华东和西北地区的相对增加量较高，分别为 110%、200%、113% 和 137%。

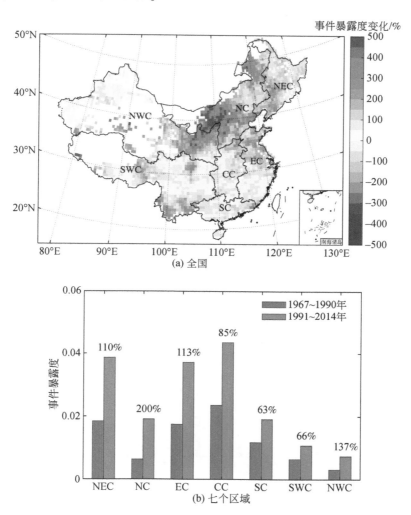

图 13.2　两个时期（1967～1990 年和 1991～2014 年）中国复合高温干旱事件耕地暴露度
在全国和七个区域的相对变化图

台湾省数据暂缺

13.4.3　基于 GDP 和灌溉面积占比的脆弱性变化

　　根据 1967～1990 年和 1991～2014 年两个时期基于 GDP 和灌溉面积占比两个指标，计算出两个时期的总体脆弱性及其变化。图 13.3（a）显示了相对脆弱性变化，区域变化如图 13.3（b）所示。东北、华北和西北地区的相对脆弱性分别为 -8%、-5% 和 -2%，这表明这些地区脆弱性在降低。但是华中、华南和西南部分地区脆弱性有所升高。

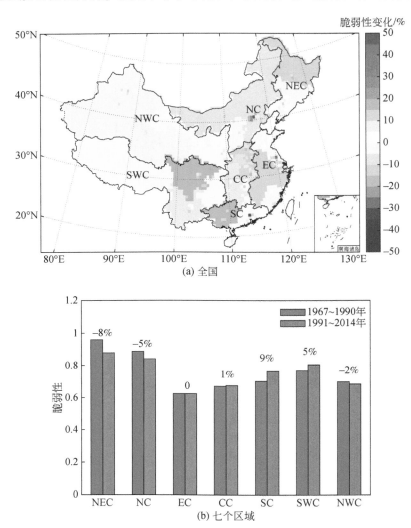

(a) 全国

(b) 七个区域

图 13.3　两个时期（1967~1990 年和 1991~2014 年）中国基于 GDP 和灌溉面积占比的脆弱性
在全国和七个区域的相对变化图
台湾省数据暂缺

13.4.4　复合高温干旱事件的历史风险评估

1967~1990 年和 1991~2014 年两个时期的中国复合高温干旱风险相对变化如图 13.4
（a）所示，绝大多数研究区域的风险都呈上升趋势，风险只在有限的地区降低，从1967~
1990 年到 1991~2014 年，全国平均风险增加了111%。在区域尺度上，七个区域复合高
温干旱风险的相对变化如图 13.4（b）所示。虽然中国的危险性总体呈上升趋势，但在区

域尺度上风险的变化差异较大，这是暴露度和脆弱性的空间差异性所致。例如，在中国西部，危险性显著增加，但由于耕地比例低，耕地对复合高温干旱事件的暴露度相对较低。从 1967～1990 年到 1991～2014 年，中国七个区域的复合高温干旱风险均呈上升趋势，其中东北、华北、华东和西北风险上升幅度较大（分别为 92%、183%、108% 和 158%）。

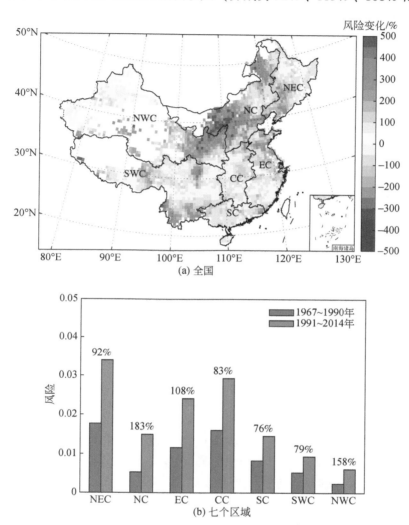

图 13.4　两个时期（1967～1990 年和 1991～2014 年）中国复合高温干旱风险在全国和七个区域的相对变化图

台湾省数据暂缺

13.4.5　未来风险预估

基于 CMIP6 模式模拟，我们进一步评估了历史时期（1967～2014 年）和未来时期（2053～2100 年）的复合高温干旱风险变化。两个时期中国复合高温干旱农业风险（仅考

虑未来危险性）变化情况如图 13.5 所示。与历史时期（1967～2014 年）相比，未来时期
（2053～2100 年）复合高温干旱风险显著增加，由于历史和未来暴露度和脆弱性的指标采
用固定值，这里风险的增加主要是由危险性增加所决定的。平均而言，未来时期复合高温
干旱的农业风险将增加 1.3 倍左右。在区域尺度上，未来中国华东地区的复合高温干旱风
险增加更大。这些结果强调了在这些地区需要制定适应措施以减少复合高温干旱事件对中
国农业的负面影响。

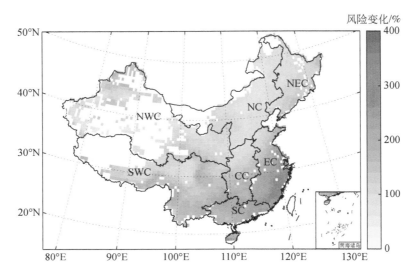

图 13.5　1967～2014 年和 2053～2100 年中国复合高温干旱风险的相对变化图
台湾省数据暂缺

13.5　本 章 小 结

　　本章基于危险性（复合高温干旱的频率）、暴露度（耕地占比）和脆弱性（GDP 和灌
溉面积占比）对中国复合高温干旱的历史时期（1967～1990 年和 1991～2014 年）和未来
时期（2053～2100 年）的风险进行了评估。结果表明，从 1967～1990 年到 1991～2014
年，中国复合高温干旱事件的危险性增加，耕地暴露度也在增加。中国东北、华北和西北
等地区的脆弱性有所下降。1967～1990 年和 1991～2014 年中国平均风险上升 111%，其中
东北、华北、华东等地区风险上升幅度较大。在 SSP585 情景下，中国 2053～2100 年的复
合高温干旱风险预计将比历史时期（1967～2014 年）增加 1.3 倍。未来需要评估不同的
结构性措施（如灌溉基础设施、供水系统）或非结构性措施（化肥使用、农业保险的实
施、耕作方式的改变），以减少复合高温干旱带来的风险。本章研究结果对于制定降低中
国复合高温干旱风险的针对性措施具有重要意义。

　　由于数据的可用性，本章仅选取了 GDP 和灌溉面积占比两个脆弱性指标来评估耕地
的复合高温干旱风险，这可能会限制脆弱性或风险评估的准确性。其他物理、社会或经济
指标可以在未来的研究中提供更有意义的复合高温干旱风险评估结果。另外，本章的数据

存在不确定性。由于灌溉数据和 GDP 数据的限制，我们通过将灌溉的省份数据重采样到空间格点，并基于空间聚合对 GDP 数据进行处理，这可能会导致脆弱性指标的不确定性。风险变化可以由危险性、暴露度和脆弱性的变化引起。随着复合高温干旱危险性特征的变化，社会经济的暴露度和脆弱性也存在变化，使用固定时期的暴露度和脆弱性指标可能无法捕捉它们的动态特征，从而造成风险评估的不确定性。因此，在未来的研究中，需要对复合高温干旱事件进行动态风险评估。

参 考 文 献

安宁, 左志燕. 2021. 1961～2017 年中国地区热浪的结构变化. 中国科学:地球科学, 51(8): 1214-1226.

曹鸿兴, 郑艳, 虞海燕, 等. 2008. 气候检测与归因的格兰杰检验法. 气候变化研究进展, 4(1): 37-41.

柴荣繁. 2022. 基于 CMIP6 模式结果的全球干旱化归因、预估及经济社会影响研究. 南京:南京信息工程大学.

陈曦, 李宁, 张正涛, 等. 2020. 全球热浪人口暴露度预估——基于热应力指数. 气候变化研究进展, 16(4): 424-432.

陈晓晨, 徐影, 姚遥. 2015. 不同升温阈值下中国地区极端气候事件变化预估. 大气科学, 39(6): 1123-1135.

成爱芳, 冯起, 张健恺, 等. 2015. 未来气候情景下气候变化响应过程研究综述. 地理科学, (1): 84-90.

邓振镛, 文小航, 黄涛, 等. 2009. 干旱与高温热浪的区别与联系. 高原气象, 28(3): 702-709.

董姝娜, 庞泽源, 张继权, 等. 2014. 基于 CERES-Maize 模型的吉林西部玉米干旱脆弱性曲线研究. 灾害学, 29(3): 115-119.

韩兰英, 张强, 贾建英, 等. 2019. 气候变暖背景下中国干旱强度、频次和持续时间及其南北差异性. 中国沙漠, 39(5): 1-10.

郝增超, 侯爱中, 张璇, 等. 2020. 干旱监测与预报研究进展与展望. 水利水电技术, 51(11): 30-40.

何坤龙, 刘晓辉, 刘蛟, 等. 2021. 不同偏差校正方法对青藏高原地区 GPM 的应用效果研究. 山地学报, 39(3): 439-449.

贺山峰, 戴尔阜, 葛全胜, 等. 2010. 中国高温致灾危险性时空格局预估. 自然灾害学报, 19(2): 91-97.

胡芩, 姜大膀, 范广洲. 2014. CMIP5 全球气候模式对青藏高原地区气候模拟能力评估. 大气科学, 38(5): 924-938.

胡婷, 孙颖. 2021. IPCC AR6 报告解读:人类活动对气候系统的影响. 气候变化研究进展, 17(6): 644-651.

胡婷, 孙颖, 张学斌. 2017. 全球 1.5℃ 和 2℃ 温升时的气温和降水变化预估. 科学通报, 62(26): 3098-3111.

贾佳, 胡泽勇. 2017. 中国不同等级高温热浪的时空分布特征及趋势. 地球科学进展, 32(5): 546-559.

姜雨彤, 侯爱中, 郝增超, 等. 2023. 长江流域 2022 年高温干旱事件演变及历史对比. 水力发电学报, 42(8): 1-9.

李昕潼, 李占玲, 韩孺村. 2023. 不同偏差校正法对 GCM 降水数据的应用效果分析. 水文, 43(3): 1-9.

李忆平, 李耀辉. 2017. 气象干旱指数在中国的适应性研究进展. 干旱气象, 35(5): 709-723.

李昱, 席佳, 张弛, 等. 2021. 气候变化对澜湄流域气象水文干旱时空特性的影响. 水科学进展, 32(4): 508-519.

廖要明, 张存杰. 2017. 基于 MCI 的中国干旱时空分布及灾情变化特征. 气象, 43(11): 1402-1409.

刘春蓁, 夏军. 2010. 气候变暖条件下水文循环变化检测与归因研究的几点认识. 气候变化研究进展, 6(5): 313-318.

刘珂, 姜大膀. 2015. 基于两种潜在蒸散发算法的 SPEI 对中国干湿变化的分析. 大气科学, 39(1): 23-36.

刘永强, 丁一汇. 1995. ENSO 事件对我国季节降水和温度的影响. 大气科学, 19(2): 200-208.

罗勇.2022.气候变化归因:应对气候变化的科学基础——从诺奖得主克劳斯·哈塞尔曼谈起.物理,51(1):24-28.

吕娟,刘昌军,黄诗峰,等.2022.天地一体化水系统全要素监测与模拟平台建设初探.中国防汛抗旱,32(10):28-33.

莫兴国,胡实,卢洪健,等.2018.GCM预测情景下中国21世纪干旱演变趋势分析.自然资源学报,33(7):1244-1256.

钱诚,张文霞.2019.CMIP6检测归因模式比较计划(DAMIP)概况与评述.气候变化研究进展,15(5):469-475.

屈艳萍.2018.旱灾风险评估理论及技术研究.北京:中国水利水电科学研究院.

沈贝蓓,宋帅峰,张丽娟,等.2021.1981—2019年全球气温变化特征.地理学报,76(11):2660-2672.

沈皓俊,游庆龙,王朋岭,等.2018.1961—2014年中国高温热浪变化特征分析.气象科学,38(1):28-36.

舒章康,李文鑫,张建云,等.2022.中国极端降水和高温历史变化及未来趋势.中国工程科学,24(5):116-125.

宋艳玲.2022.全球干旱指数研究进展.应用气象学报,33(5):513-526.

苏布达,陈梓延,黄金龙,等.2022.气候变化的影响归因:来自IPCC AR6 WG Ⅱ的新认知.大气科学学报,45(4):512-519.

苏布达,王东方,姜涵,等.2023.2022年气候变化与治理热点回眸.科技导报,41(1):241-248.

粟晓玲,张更喜,冯凯.2019.干旱指数研究进展与展望.水利与建筑工程学报,17(5):9-18.

孙博,王会军,黄艳艳,等.2022.2022年夏季中国高温干旱气候特征及成因探讨.大气科学学报,46(1):1-8.

孙秀宝.2018.基于CMA-LSAT v1.0数据集的近百年全球陆表气温变化研究.南京:南京信息工程大学.

孙颖.2021.人类活动对气候系统的影响——解读IPCC第六次评估报告第一工作组报告第三章.大气科学学报,(5):654-657.

陶然,张珂.2020.基于PDSI的1982—2015年我国气象干旱特征及时空变化分析.水资源保护,36(5):50-56.

童尧,高学杰,韩振宇,等.2017.基于RegCM4模式的中国区域日尺度降水模拟误差订正.大气科学,41(6):1156-1166.

王丽伟,张杰.2015.华北—华东地区高温热浪与土壤湿度的关系研究.气象科学,35(5):558-564.

王晓欣,姜大膀,郎咸梅.2019.CMIP5多模式预估的1.5℃升温背景下中国气温和降水变化.大气科学,43(5):1158-1170.

王昭芸.2022.全球陆地气温时空变化与检测归因研究.上海:华东师范大学.

王芝兰,王静,王劲松.2015.基于风险价值方法的甘肃省农业旱灾风险评估.中国农业气象,36:331-337.

吴佳,高学杰.2013.一套格点化的中国区域逐日观测资料及与其他资料的对比.地球物理学报,56(4):1102-1111.

吴锦成,朱烨,刘懿,等.2022.中国热浪时空变化特征分析.水文,42(3):72-77.

吴志勇,程丹丹,何海,等.2021.综合干旱指数研究进展.水资源保护,37(1):36-45.

武新英,郝增超,张璇,等.2021.中国夏季复合高温干旱分布及变异趋势.水利水电技术,52(12):90-98.

肖秀程,黄丹青,严佩文.2020.极端气温和极端降水复合事件的气候特征.气象科学,40(6):744-751.

徐昆,朱秀芳,刘莹,等.2020.采用AquaCrop作物生长模型研究中国玉米干旱脆弱性.农业工程学报,36(1):154-161.

薛昌颖, 霍治国, 李世奎, 等. 2003. 华北北部冬小麦干旱和产量灾损的风险评估. 自然灾害学报, (1): 131-139.

杨庆, 李明星, 郑子彦, 等. 2017. 7 种气象干旱指数的中国区域适应性. 中国科学: 地球科学, 47(3): 337-353.

杨洋, 林朝晖, 骆利峰. 2022. 中国区域夏季地表气温与陆面过程耦合强度的分布特征. 气候与环境研究, 27(3): 333-350.

叶殿秀, 尹继福, 陈正洪, 等. 2013. 1961—2010 年我国夏季高温热浪的时空变化特征. 气候变化研究进展, 9(1): 15-20.

余荣, 翟盘茂. 2021. 关于复合型极端事件的新认识和启示. 大气科学学报, 44(5): 645-649.

翟盘茂, 周佰铨, 陈阳, 等. 2021. 气候变化科学方面的几个最新认知. 气候变化研究进展, 17(6): 629-635.

张嘉仪, 钱诚. 2020. 1960~2018 年中国高温热浪的线性趋势分析方法与变化趋势. 气候与环境研究, 25(3): 225-239.

张井勇, 吴凌云. 2011. 陆–气耦合增加中国的高温热浪. 科学通报, 56(23): 1905-1909.

张俊, 陈桂亚, 杨文发. 2011. 国内外干旱研究进展综述. 人民长江, 42(10): 65-69.

张良, Zhang Hu-qiang, 张强, 等. 2016. 应用陆面模式进行干旱监测的过程和实现. 干旱区研究, 33(3): 584-592.

张强, 姚玉璧, 李耀辉, 等. 2020. 中国干旱事件成因和变化规律的研究进展与展望. 气象学报, 78(3): 500-521.

张翔, 韦燕芳, 李思宇, 等. 2021. 从干旱灾害到干旱灾害链: 进展与挑战. 干旱气象, 39(6): 873-883.

张兴明, 张春琴, 郭浩, 等. 2015. 基于网格脆弱性曲线的世界小麦旱灾风险评价. 灾害学, 30(2): 228-234.

张艳武, 张莉, 徐影. 2016. CMIP5 模式对中国地区气温模拟能力评估与预估. 气候变化研究进展, 12(1): 10-19.

赵佳琪, 张强, 朱秀迪, 等. 2021. 中国旱灾风险定量评估. 生态学报, 41(3): 1021-1031.

赵珊珊, 高歌, 黄大鹏, 等. 2017. 2004—2013 年中国气象灾害损失特征分析. 气象与环境学报, 33(1): 101-107.

赵思健, 张峭, 王克. 2015. 农业生产风险评估方法评述与比较. 灾害学, 30(3): 131-139.

中华人民共和国国家统计局. 2020. 中国统计年鉴 2020. 北京: 中国统计出版社.

周波涛. 2021. 全球气候变暖: 浅谈从 AR5 到 AR6 的认知进展. 大气科学学报, 44(5): 667-671.

周波涛, 钱进. 2021. IPCC AR6 报告解读: 极端天气气候事件变化. 气候变化研究进展, 17(6): 713-718.

周天军, 邹立维, 吴波, 等. 2014. 中国地球气候系统模式研究进展: CMIP 计划实施近 20 年回顾. 气象学报, 72(5): 892-907.

周天军, 任俐文, 张文霞. 2021. 2020 年梅雨期极端降水的归因探讨和未来风险预估研究. 中国科学: 地球科学, 51(10): 1637-1649.

朱玉祥, 赵亮. 2014. 中国近百年地面温度变化自然因子的因果链分析. 气象科技进展, 4(3): 36-40.

朱玉祥, 黄嘉佑, 丁一汇. 2016. 统计方法在数值模式中应用的若干新进展. 气象, 42(4): 456-465.

Abatzoglou J T, Dobrowski S Z, Parks S A. 2020. Multivariate climate departures have outpaced univariate changes across global lands. Scientific Reports, 10(1): 3891.

Abdelmoaty H M, Papalexiou S M, Rajulapati C R, et al. 2021. Biases beyond the mean in CMIP6 extreme precipitation: a global investigation. Earth's Future, 9(10): e2021EF002196.

Adler R F, Gu G, Wang J J, et al. 2008. Relationships between global precipitation and surface temperature on interannual and longer timescales (1979–2006). Journal of Geophysical Research, 113(D22): D22104.

Ahmadalipour A, Moradkhani H. 2018. Multi-dimensional assessment of drought vulnerability in Africa: 1960–2100. Science of the Total Environment, 644: 520-535.

Ali S M, Martius O, Röthlisberger M. 2021. Recurrent Rossby Wave packets modulate the persistence of dry and wet spells across the globe. Geophysical Research Letters, 48(5): e2020GL091452.

Alizadeh M R, Adamowski J, Nikoo M R, et al. 2020. A century of observations reveals increasing likelihood of continental-scale compound dry-hot extremes. Science Advances, 6(39): eaaz4571.

Allen M. 2003. Liability for climate change. Nature, 421(6926): 891-892.

Allen R G, Pereira L S, Raes D, et al. 1998. Crop evapotranspiration—guidelines for computing crop water requirements-FAO Irrigation and drainage paper 56. FAO Rome, 300(9): D05109.

Antwi-Agyei P, Fraser E D, Dougill A J, et al. 2012. Mapping the vulnerability of crop production to drought in Ghana using rainfall, yield and socioeconomic data. Applied Geography, 32(2): 324-334.

Apurv T, Xu Y P, Wang Z, et al. 2019. Multi-decadal changes in meteorological drought severity and their drivers in Mainland China. Journal of Geophysical Research, 124(23): 12937-12952.

Bai W, Chen X, Tang Y, et al. 2019. Temporal and spatial changes of soil moisture and its response to temperature and precipitation over the Tibetan Plateau. Hydrological Sciences Journal, 64(11): 1370-1384.

Beniston M. 2009. Trends in joint quantiles of temperature and precipitation in Europe since 1901 and projected for 2100. Geophysical Research Letters, 36(7): L07707.

Berg A, Findell K, Lintner B, et al. 2016. Land-atmosphere feedbacks amplify aridity increase over land under global warming. Nature Climate Change, 6: 869-874.

Betts R A, Alfieri L, Bradshaw C, et al. 2018. Changes in climate extremes, fresh water availability and vulnerability to food insecurity projected at 1.5℃ and 2℃ global warming with a higher-resolution global climate model. Philosophical Transactions of the Royal Society A: Mathematical, Physical and Engineering Sciences, 376(2119): 20160452.

Bevacqua E, Zappa G. Lehner F, et al. 2022. Precipitation trends determine future occurrences of compound hot-dry events. Nature Climate Change, 12(4): 350-355.

Bevacqua E, Suarez-Gutierrez L, Jézéquel A, et al. 2023. Advancing research on compound weather and climate events via large ensemble model simulations. Nature Communications, 14(1): 2145.

Beyer R, Krapp M, Manica A. 2019. A systematic comparison of bias correction methods for paleoclimate simulations. Climate of the Past Discussions, 11: 1-23.

Bindoff N L, Stott P A, Achuta Rao K M, et al. 2013. Detection and attribution of climate change: from global to regional//Stocker T F, Qin D, Plattner G-K, et al (eds). Climate Change 2013: The Physical Science Basis. Contribution of Working Group I to the Fifth Assessment Report of the Intergovernmental Panel on Climate Change. Cambridge: Cambridge University Press.

Bladé I, Liebmann B, Fortuny D, et al. 2012. Observed and simulated impacts of the summer NAO in Europe: implications for projected drying in the Mediterranean region. Climate Dynamics, 39(3-4): 709-727.

Blauhut V. 2020. The triple complexity of drought risk analysis and its visualisation via mapping: a review across scales and sectors. Earth-Science Reviews, 210: 103345.

Bollasina M A, Messori G. 2018. On the link between the subseasonal evolution of the North Atlantic oscillation and East Asian climate. Climate Dynamics, 51(9): 3537-3557.

Cai W, Zhang C, Suen H P, et al. 2021. The 2020 China report of the Lancet countdown on health and climate change. The Lancet Public Health, 6(1): e64-e81.

Cannon A J. 2016. Multivariate bias correction of climate model output: matching marginal distributions and intervariable dependence structure. Journal of Climate, 29(19): 7045-7064.

Cannon A J. 2018. Multivariate quantile mapping bias correction: an N-dimensional probability density function transform for climate model simulations of multiple variables. Climate Dynamics, 50(1): 31-49.

Carrão H, Naumann G, Barbosa P. 2016. Mapping global patterns of drought risk: an empirical framework based on sub-national estimates of hazard, exposure and vulnerability. Global Environmental Change, 39: 108-124.

Chen H, Sun J. 2015. Changes in drought characteristics over China using the standardized precipitation evapotranspiration index. Journal of Climate, 28(13): 5430-5447.

Chen H, Sun J, Chen X. 2014. Projection and uncertainty analysis of global precipitation-related extremes using CMIP5 models. International Journal of Climatology, 34(8): 2730-2748.

Chen H, Zhao L, Cheng L, et al. 2022. Projections of heatwave-attributable mortality under climate change and future population scenarios in China. The Lancet Regional Health-Western Pacific, 28: 100582.

Chen J, Brissette F P, Zhang X J, et al. 2019. Bias correcting climate model multi-member ensembles to assess climate change impacts on hydrology. Climatic Change, 153: 361-377.

Chen L T, Chen X H, Cheng L Y, et al. 2019. Compound hot droughts over China: identification, risk patterns and variations. Atmospheric Research, 227: 210-219.

Chen S, Yuan X. 2021. CMIP6 projects less frequent seasonal soil moisture droughts over China in response to different warming levels. Environmental Research Letters, 16(4): 044053.

Chen S, Yuan X. 2022. Quantifying the uncertainty of internal variability in future projections of seasonal soil moisture droughts over China. Science of The Total Environment, 824: 153817.

Cheng S, Guan X, Huang J, et al. 2015. Long-term trend and variability of soil moisture over East Asia. Journal of Geophysical Research, 120(17): 8658-8670.

Chiang F, Greve P, Mazdiyasni O, et al. 2021a. A multivariate conditional probability ratio framework for the detection and attribution of compound climate extremes. Geophysical Research Letters, 48(15): e2021GL094361.

Chiang F, Mazdiyasni O, AghaKouchak A. 2021b. Evidence of anthropogenic impacts on global drought frequency, duration, and intensity. Nature Communications, 12(1): 2754.

Ciavarella A, Christidis N, Andrews M, et al. 2018. Upgrade of the HadGEM3—a based attribution system to high resolution and a new validation framework for probabilistic event attribution. Weather and Climate Extremes, 20: 9-32.

Collins B. 2021. Frequency of compound hot-dry weather extremes has significantly increased in Australia since 1889. Journal of Agronomy and Crop Science: 1-15.

Coumou D, Robinson A. 2013. Historic and future increase in the global land area affected by monthly heat extremes. Environmental Research Letters, 8(3): 034018.

Crhová L, Holtanová E. 2018. Simulated relationship between air temperature and precipitation over Europe: sensitivity to the choice of RCM and GCM. International Journal of Climatology, 38(3): 1595-1604.

Dai A. 2013. Increasing drought under global warming in observations and models. Nature Climate Change, 3(1): 52-58.

Dai M, Huang S, Huang Q, et al. 2020. Assessing agricultural drought risk and its dynamic evolution characteristics. Agricultural Water Management, 231: 106003.

De Luca P, Messori G, Faranda D, et al. 2020. Compound warm-dry and cold-wet events over the Mediterranean. Earth System Dynamics, 11(3): 793-805.

Deng K Q, Azorin-Molina C, Yang S, et al. 2022. Shifting of summertime weather extremes in Western Europe during the last decade. Advances in Climate Change Research, 13(2): 218-227.

Deng S, Cheng L, Yang K, et al. 2019. A multi-scalar evaluation of differential impacts of canonical ENSO and ENSO Modoki on drought in China. International Journal of Climatology, 39(4): 1985-2004.

Di Luca A, Pitman A J, de Elía R. 2020. Decomposing temperature extremes errors in CMIP5 and CMIP6 models. Geophysical Research Letters, 47(14): e2020GL088031.

Diffenbaugh N S, Swain D L, Touma D. 2015. Anthropogenic warming has increased drought risk in California. Proceedings of the National Academy of Sciences of the USA, 112(13): 3931-3936.

Ding T, Qian W, Yan Z. 2010. Changes in hot days and heat waves in China during 1961–2007. International Journal of Climatology, 30(10): 1452-1462.

Dong L, Mitra C, Greer S, et al. 2018. The dynamical linkage of atmospheric blocking to drought, heatwave and urban heat island in southeastern US: a multi-scale case study. Atmosphere, 9(1): 33.

Dong S, Sun Y, Li C, et al. 2021. Attribution of extreme precipitation with updated observations and CMIP6 simulations. Journal of Climate, 34(3): 871-881.

Dong Z Q, Pan Z H, An P L, et al. 2018. A quantitative method for risk assessment of agriculture due to climate change. Theoretical and Applied Climatology, 131(1): 653-659.

Dosio A, Mentaschi L, Fischer E M, et al. 2018. Extreme heat waves under 1.5℃ and 2℃ global warming. Environmental Research Letters, 13(5): 054006.

Du H, Wu Z, Jin Y, et al. 2013. Quantitative relationships between precipitation and temperature over Northeast China, 1961–2010. Theoretical and Applied Climatology, 113(3-4): 659-670.

Du Q, Zhang M, Wang S, et al. 2019. Changes in air temperature over China in response to the recent global warming hiatus. Journal of Geographical Sciences, 29(4): 496-516.

Estrella N, Menzel A. 2013. Recent and future climate extremes arising from changes to the bivariate distribution of temperature and precipitation in Bavaria, Germany. International Journal of Climatology, 33(7): 1687-1695.

Eyring V, Bony S, Meehl G A, et al. 2016. Overview of the Coupled Model Intercomparison Project Phase 6 (CMIP6) experimental design and organization. Geoscientific Model Development, 9(5): 1937-1958.

Fan X, Miao C, Duan Q, et al. 2020. The performance of CMIP6 versus CMIP5 in simulating temperature extremes over the global land surface. Journal of Geophysical Research, 125(18): e2020JD033031.

Feng S F, Wu X Y, Hao Z C, et al. 2020. A database for characteristics and variations of global compound dry and hot events. Weather and Climate Extremes, 30: 100299.

Feng S F, Hao Z C, Wu X Y, et al. 2021. A multi-index evaluation of changes in compound dry and hot events of global maize areas. Journal of Hydrology, 602: 126728.

Feng S F, Hao Z C, Zhang X, et al. 2022. Climate change impacts on concurrences of hydrological droughts and high temperature extremes in a semi-arid river basin of China. Journal of Arid Environments, 202: 104768.

Feng Y, Liu W B, Sun F, et al. 2021. Changes of compound hot and dry extremes on different land surface conditions in China during 1957–2018. International Journal of Climatology, 41(S1): E1085-E1099.

Feng Y, Wang H, Sun F, et al. 2023. Dependence of compound hot and dry extremes on individual ones across China during 1961–2014. Atmospheric Research, 283: 106553.

Field C B, Barros V, Stocker T F, et al. 2012. Managing the Risks of Extreme Events and Disasters to Advance Climate Change Adaptation. Cambridge, UK: Cambridge University Press.

Fink A H, Brücher T, Krüger A, et al. 2004. The 2003 European summer heatwaves and drought-synoptic diagnosis and impacts. Weather, 59(8): 209-216.

Fischer E M, Knutti R. 2015. Anthropogenic contribution to global occurrence of heavy-precipitation and high-temperature extremes. Nature Climate Change, 5: 560.

Fischer E M, Seneviratne S I, Vidale P L, et al. 2007. Soil moisture-atmosphere interactions during the 2003 European summer heat wave. Journal of Climate, 20(20): 5081-5099.

Foster G, Rahmstorf S. 2011. Global temperature evolution 1979 – 2010. Environmental Research Letters, 6(4): 044022.

François B, Vrac M, Cannon A J, et al. 2020. Multivariate bias corrections of climate simulations: which benefits for which losses? Earth System Dynamics, 11(2): 537-562.

Frank D, Reichstein M, Bahn M, et al. 2015. Effects of climate extremes on the terrestrial carbon cycle: concepts, processes and potential future impacts. Global Change Biology, 21(8): 2861-2880.

Fu G, Charles S P, Yu J, et al. 2009. Decadal climatic variability, trends, and future scenarios for the North China Plain. Journal of Climate, 22(8): 2111-2123.

García-Herrera R, Díaz J, Trigo R M, et al. 2010. A review of the European summer heat wave of 2003. Critical Reviews in Environmental Science and Technology, 40(4): 267-306.

Geirinhas J L, Russo A, Libonati R, et al. 2021. Recent increasing frequency of compound summer drought and heatwaves in Southeast Brazil. Environmental Research Letters, 16(3): 034036.

Ghanbari M, Arabi M, Georgescu M, et al. 2023. The role of climate change and urban development on compound dry-hot extremes across US cities. Nature Communications, 14(1): 3509.

Gohar L K, Lowe J A, Bernie D. 2017. The impact of bias correction and model selection on passing temperature thresholds. Journal of Geophysical Research, 122(22): 12045-12061.

Graham L P, Andréasson J, Carlsson B. 2007. Assessing climate change impacts on hydrology from an ensemble of regional climate models, model scales and linking methods—a case study on the Lule River Basin. Climatic Change, 81(Suppl 1): 293-307.

Gringorten I I. 1963. A plotting rule for extreme probability paper. Journal of Geophysical Research, 68(3): 813-814.

Gudmundsson L, Seneviratne S I. 2016. Anthropogenic climate change affects meteorological drought risk in Europe. Environmental Research Letters, 11(4): 044005.

Guo B, Zhang J, Meng X, et al. 2020. Long-term spatio-temporal precipitation variations in China with precipitation surface interpolated by ANUSPLIN. Scientific Reports, 10(1): 1-17.

Guo H, Wen X, Wu Y, et al. 2022. Drought risk assessment of farmers considering their planting behaviors and awareness: a case study of a County from China. Ecological Indicators, 137: 108728.

Hagenlocher M, Meza I, Anderson C C, et al. 2019. Drought vulnerability and risk assessments: state of the art, persistent gaps, and research agenda. Environmental Research Letters, 14(8): 083002.

Hao Y, Hao Z, Feng S, et al. 2021b. Categorical prediction of compound dry and hot events in northeast China based on large-scale climate signals. Journal of Hydrology, 602: 126729.

Hao Z C. 2022. Compound events and associated impacts in China. Science, 25(8): 104689.

Hao Z C, Singh V P. 2015. Drought characterization from a multivariate perspective: a review. Journal of Hydrology, 527: 668-678.

Hao Z C, Singh V P. 2016. Review of dependence modeling in hydrology and water resources. Progress in Physical Geography, 40(4): 549-578.

Hao Z C, Singh V P. 2020. Compound events under global warming: a dependence perspective. Journal of Hydrologic Engineering, 25(9): 03120001.

Hao Z C, Agha Kouchak A, Phillips T J. 2013. Changes in concurrent monthly precipitation and temperature extremes. Environmental Research Letters, 8(3): 034014.

Hao Z C, Hao F H, Singh V P, et al. 2017. Quantitative risk assessment of the effects of drought on extreme temperature in eastern China. Journal of Geophysical Research, 122(17): 9050-9059.

Hao Z C, Hao F H, Singh V P, et al. 2018a. Changes in the severity of compound drought and hot extremes over global land areas. Environmental Research Letters, 13(12): 124022.

Hao Z C, Hao F H, Singh V P, et al. 2018b. A multivariate approach for statistical assessments of compound extremes. Journal of Hydrology, 565: 87-94.

Hao Z C, Hao F H, Singh V P, et al. 2018c. Quantifying the relationship between compound dry and hot events and El Niño-southern oscillation (ENSO) at the global scale. Journal of Hydrology, 567: 332-338.

Hao Z C, Hao F H, Singh V P, et al. 2019a. Statistical prediction of the severity of compound dry-hot events based on El Niño-southern oscillation. Journal of Hydrology, 572: 243-250.

Hao Z C, Hao F H, Xia Y L, et al. 2019b. A monitoring and prediction system for compound dry and hot events. Environmental Research Letters, 14(11): 114034.

Hao Z C, Phillips T J, Hao F H, et al. 2019c. Changes in the dependence between global precipitation and temperature from observations and model simulations. International Journal of Climatology, 39(12): 4895-4906.

Hao Z C, Hao F H, Singh V P, et al. 2020. A joint extreme index for compound droughts and hot extremes. Theoretical and Applied Climatology, 142: 321-328.

Hao Z C, Hao F H, Xia Y L, et al. 2022. Compound droughts and hot extremes: characteristics, drivers, changes, and impacts. Earth-Science Reviews, 235: 104241.

Hao Z C, Chen Y, Feng S, et al. 2023. The 2022 Sichuan-Chongqing spatio-temporally compound extremes: a bitter taste of novel hazards. Science Bulletin, 68(13): 1337-1339.

Hasselmann K. 1997. Multi-pattern fingerprint method for detection and attribution of climate change. Climate Dynamics, 13: 601-611.

Hasselmann K. 1998. Conventional and Bayesian approach to climate-change detection and attribution. Quarterly Journal of the Royal Meteorological Society, 124(552): 2541-2565.

Hawkins E, Sutton R. 2009. The potential to narrow uncertainty in regional climate predictions. Bulletin of the American Meteorological Society, 90(8): 1095-1108.

Hawkins E, Sutton R. 2011. The potential to narrow uncertainty in projections of regional precipitation change. Climate Dynamics, 37(1): 407-418.

Hawkins E, Osborne T M, Ho C K, et al. 2013. Calibration and bias correction of climate projections for crop modelling: an idealised case study over Europe. Agricultural and Forest Meteorology, 170: 19-31.

He B, Wu J, Lü A, et al. 2013. Quantitative assessment and spatial characteristic analysis of agricultural drought risk in China. Natural Hazards, 66(2): 155-166.

He B, Wang H L, Wang Q F, et al. 2015. A quantitative assessment of the relationship between precipitation deficits and air temperature variations. Journal of Geophysical Research, 120(12): 5951-5961.

Hong H, Sun J, Wang H. 2020. Interdecadal variation in the frequency of extreme hot events in Northeast China and the possible mechanism. Atmospheric Research, 244: 105065.

Hou W, Chen Z Q, Zuo D D, et al. 2019. Drought loss assessment model for southwest China based on a hyperbolic tangent function. International Journal of Disaster Risk Reduction, 33: 477-484.

Hu L, Huang G, Qu X. 2017. Spatial and temporal features of summer extreme temperature over China during 1960-2013. Theoretical and Applied Climatology, 128: 821-833.

Huang W K, Monahan A H, Zwiers F W. 2021. Estimating concurrent climate extremes: a conditional approach.

Weather and Climate Extremes: 100332.

Ionita M, Tallaksen L M, Kingston D G, et al. 2017. The European 2015 drought from a climatological perspective. Hydrology and Earth System Sciences, 21(3): 1397-1419.

Ionita M, Caldarescu D E, Nagavciuc V. 2021. Compound hot and dry events in Europe: variability and large-scale drivers. Frontiers in Climate, 3(58): 688992.

IPCC. 2012. Managing the Risks of Extreme Events and Disasters to Advance Climate Change Adaptation (SREX). A Special Report of Working Groups I and II of the Intergovernmental Panel on Climate Change. Cambridge, UK, and New York, NY, USA: Cambridge University Press.

IPCC. 2022. Climate change 2022: Impacts, Adaptation and Vulnerability. Contribution of Working Group II to the Sixth Assessment Report of the Intergovernmental Panel on Climate Change. Cambridge, New York: Cambridge University Press.

Jia H, Wang J, Cao C, et al. 2012. Maize drought disaster risk assessment of China based on EPIC model. International Journal of Digital Earth, 5(6): 488-515.

Jiang D, Hu D, Tian Z, et al. 2020. Differences between CMIP6 and CMIP5 models in simulating climate over China and the East Asian Monsoon. Earth and Space Science, 37(10): 1102-1118.

Jiang H, Wang G, Li S, et al. 2022. Effect of CO_2 concentration on drought assessment in China. International Journal of Climatology, 42(15): 7465-7482.

Jiang L, Chen Y D, Li J F, et al. 2022. Amplification of soil moisture deficit and high temperature in a drought-heatwave co-occurrence in southwestern China. Natural Hazards, 111(1): 641-660.

Jones G S, Stott P A, Christidis N. 2013. Attribution of observed historical near-surface temperature variations to anthropogenic and natural causes using CMIP5 simulations. Journal of Geophysical Research, 118(10): 4001-4024.

Kamae Y, Shiogama H, Watanabe M, et al. 2014. Attributing the increase in Northern Hemisphere hot summers since the late 20th century. Geophysical Research Letters, 41(14): 5192-5199.

Kang S, Eltahir E A B. 2019. Impact of irrigation on regional climate over eastern China. Geophysical Research Letters, 46(10): 5499-5505.

Kang Y, Guo E, Wang Y, et al. 2022. Characterisation of compound dry and hot events in Inner Mongolia and their relationship with large-scale circulation patterns. Journal of Hydrology, 612: 128296.

Kautz L A, Martius O, Pfahl S, et al. 2022. Atmospheric blocking and weather extremes over the Euro-Atlantic sector-a review. Weather Climate Dynamics, 3(1): 305-336.

King A D, Karoly D J. 2017. Climate extremes in Europe at 1.5℃ and 2℃ degrees of global warming. Environmental Research Letters, 12(11): 114031.

Kirono D G C, Hennessy K J, Grose M R. 2017. Increasing risk of months with low rainfall and high temperature in southeast Australia for the past 150 years. Climate Risk Management, 16: 10-21.

Knutson T R, Ploshay J J. 2016. Detection of anthropogenic influence on a summertime heat stress index. Climatic Change, 138(1): 25-39.

Kong Q, Guerreiro S B, Blenkinsop S, et al. 2020. Increases in summertime concurrent drought and heatwave in Eastern China. Weather and Climate Extremes, 28: 100242.

Koster R, Schubert S, Suarez M. 2009. Analyzing the concurrence of meteorological droughts and warm periods, with implications for the determination of evaporative regime. Journal of Climate, 22(12): 3331-3341.

Lehner F, Deser C, Maher N, et al. 2020. Partitioning climate projection uncertainty with multiple large ensembles and CMIP5/6. Earth System Dynamics, 11(2): 491-508.

Lei Y. 2013. Potential correlation between the decadal East Asian summer monsoon variability and the Pacific decadal oscillation. Atmospheric and Oceanic Science Letters, 6(5): 394-397.

Leonard M, Westra S, Phatak A, et al. 2014. A compound event framework for understanding extreme impacts. Wiley Interdisciplinary Reviews Climate Change, 5(1): 113-128.

Lewis S C, King A D, Perkins-Kirkpatrick S E, et al. 2019. Regional hotspots of temperature extremes under 1.5℃ and 2℃ of global mean warming. Weather and Climate Extremes, 26: 100233.

Lhotka O, Kyselý J. 2022. Precipitation-temperature relationships over Europe in CORDEX regional climate models. International Journal of Climatology, 42(9): 4868-4880.

Li C, Sinha E, Horton D E, et al. 2014. Joint bias correction of temperature and precipitation in climate model simulations. Journal of Geophysical Research, 119(23): 13153-113162.

Li H, Chen H, Wang H, et al. 2018. Can Barents Sea ice decline in spring enhance summer hot drought events over northeastern China? Journal of Climate, 31(12): 4705-4725.

Li H, He S, Gao Y, et al. 2020. North Atlantic modulation of interdecadal variations in hot drought events over northeastern China. Journal of Climate, 33(10): 4315-4332.

Li H, Sun B, Wang H, et al. 2022. Mechanisms and physical-empirical prediction model of concurrent heatwaves and droughts in July-August over northeastern China. Journal of Hydrology: 128535.

Li J, Zheng F, Sun C, et al. 2019. Pathways of influence of the northern Hemisphere mid-high latitudes on East Asian climate: a review. Earth and Space Science, 36(9): 902-921.

Li J, Miao C, Wei W, et al. 2021a. Evaluation of CMIP6 global climate models for simulating land surface energy and water fluxes during 1979-2014. Journal of Advances in Modeling Earth Systems, 13(6): e2021MS002515.

Li J, Wang Z, Wu X, et al. 2021b. A standardized index for assessing sub-monthly compound dry and hot conditions. Hydrology and Earth System Sciences, 25: 1587-1601.

Li L, She D, Zheng H, et al. 2020. Elucidating diverse drought characteristics from two meteorological drought indices (SPI and SPEI) in China. Journal of Hydrometeorology, 21(7): 1513-1530.

Li W, Jiang Z, Li L Z X, et al. 2022. Detection and attribution of changes in summer compound hot and dry events over northeastern China with CMIP6 models. Journal of Meteorological Research, 36(1): 37-48.

Li W, Sun B, Wang H, et al. 2023. Anthropogenic impact on the severity of compound extreme high temperature and drought/rain events in China. npj Climate and Atmospheric Science, 6(1): 79.

Li Y, Ding Y, Li W. 2017. Interdecadal variability of the Afro-Asian summer monsoon system. Earth and Space Science, 34(7): 833-846.

Liang L, Yu L, Wang Z. 2022. Identifying the dominant impact factors and their contributions to heatwave events over Mainland China. Science of The Total Environment, 848: 157527.

Liang Y, Wang Y, Yan X, et al. 2018. Projection of drought hazards in China during twenty-first century. Theoretical and Applied Climatology, 133(1): 331-341.

Lim E-P, Hendon H H, Boschat G, et al. 2019. Australian hot and dry extremes induced by weakenings of the stratospheric polar vortex. Nature Geoscience, 12(11): 896-901.

Lin L, Wang Z, Xu Y, et al. 2018. Additional intensification of seasonal heat and flooding extreme over China in a 2℃ warmer world compared to 1.5℃. Earth's Future, 6(7): 968-978.

Linderholm H W, Ou T, Jeong J-H, et al. 2011. Interannual teleconnections between the summer North Atlantic Oscillation and the East Asian summer monsoon. Journal of Geophysical Research, 116(D13).

Liu H, Jiang D, Yang X, et al. 2005. Spatialization approach to 1 km grid GDP supported by remote sensing. Geo-information Science, 7: 120-123.

Liu X, Tang Q, Zhang X, et al. 2017. Spatially distinct effects of preceding precipitation on heat stress over eastern China. Environmental Research Letters, 12(11): 115010.

Liu Y, Chen J. 2021. Socioeconomic risk of droughts under a 2.0 ℃ warmer climate: assessment of population and GDP exposures to droughts in China. International Journal of Climatology, 41(S1): E380-E391.

Liu Y-W, Zhao L, Tan G-R, et al. 2022. Evaluation of multidimensional simulations of summer air temperature in China from CMIP5 to CMIP6 by the BCC models: from trends to modes. Advances in Climate Change Research, 13(1): 28-41.

Liu Z, Zhou W. 2021. The 2019 autumn hot drought over the middle-lower reaches of the Yangtze river in China: early propagation, process evolution, and concurrence. Journal of Geophysical Research, 126(15): e2020JD033742.

Livneh B, Hoerling M P. 2016. The physics of drought in the U. S. Central Great Plains. Journal of Climate, 29(18): 6783-6804.

López-Moreno J I, Vicente-Serrano S M, Morán-Tejeda E, et al. 2011. Effects of the North Atlantic oscillation (NAO) on combined temperature and precipitation winter modes in the Mediterranean mountains: observed relationships and projections for the 21st century. Global and Planetary Change, 77(1-2): 62-76.

Loughran T F, Pitman A J, Perkins-Kirkpatrick S E. 2019. The El Niño-southern oscillation's effect on summer heat wave development mechanisms in Australia. Climate Dynamics, 52(9): 6279-6300.

Lu C, Shen Y, Li Y, et al. 2022. Role of intraseasonal oscillation in a compound drought and heat event over the middle of the Yangtze River Basin during midsummer 2018. Journal of Meteorological Research, 36(4): 643-657.

Lu R, Dong B, Ding H. 2006. Impact of the Atlantic multidecadal oscillation on the Asian summer monsoon. Geophysical Research Letters, 33(24): L24701.

Lu Y, Hu H, Li C, et al. 2018. Increasing compound events of extreme hot and dry days during growing seasons of wheat and maize in China. Scientific Reports, 8(1): 16700.

Lyon B. 2009. Southern Africa summer drought and heat waves: observations and coupled model behavior. Journal of Climate, 22(22): 6033-6046.

Madden R A, Williams J. 1978. The correlation between temperature and precipitation in the United States and Europe. Monthly Weather Review, 106(1): 142-147.

Mahony C R, Cannon A J. 2018. Wetter summers can intensify departures from natural variability in a warming climate. Nature Communications, 9(1): 783.

Manning C, Widmann M, Bevacqua E, et al. 2019. Increased probability of compound long-duration dry and hot events in Europe during summer (1950−2013). Environmental Research Letters, 14(9): 094006.

Maraun D. 2016. Bias correcting climate change simulations—a critical review. Current Climate Change Reports, 2(4): 211-220.

Markonis Y, Kumar R, Hanel M, et al. 2021. The rise of compound warm-season droughts in Europe. Science Advances, 7(6): eabb9668.

Martius O, Pfahl S, Chevalier C. 2016. A global quantification of compound precipitation and wind extremes. Geophysical Research Letters, 43(14): 7709-7717.

Masson-Delmotte V, Zhai P, Pörtner H-O, et al. 2018. Global Warming of 1.5 ℃. An IPCC Special Report on the Impacts of Global Warming of 1.5 ℃ Above Pre-Industrial Levels and Related Global Greenhouse Gas Emission Pathways, in the Context of Strengthening the Global Response to the Threat of Climate Change, Sustainable Development, and Efforts to Eradicate Poverty. Cambridge, New York: Cambridge University Press.

Masson-Delmotte V, Zhai P, Pirani A, et al. 2021. IPCC, 2021: Summary for Policymakers//Climate Change 2021: The Physical Science Basis. Contribution of Working Group I to the Sixth Assessment Report of the Intergovernmental Panel on Climate Change. Cambridge, New York: Cambridge University Press.

Mazdiyasni O, AghaKouchak A. 2015. Substantial increase in concurrent droughts and heatwaves in the United States. Proceedings of the National Academy of Sciences, 112(37): 11484-11489.

McKinnon K A, Poppick A, Simpson I R. 2021. Hot extremes have become drier in the United States Southwest. Nature Climate Change, 11: 598-604.

Meng Y, Hao Z, Feng S, et al. 2022. Increase in compound dry-warm and wet-warm events under global warming in CMIP6 models. Global and Planetary Change, 210: 103773.

Meza I, Eyshi Rezaei E, Siebert S, et al. 2021. Drought risk for agricultural systems in South Africa: drivers, spatial patterns, and implications for drought risk management. Science of the Total Environment, 799: 149505.

Miao Y, Wang A. 2020. A daily 0.25° × 0.25° hydrologically based land surface flux dataset for conterminous China, 1961−2017. Journal of Hydrology, 590: 125413.

Min S-K, Cai W, Whetton P. 2013. Influence of climate variability on seasonal extremes over Australia. Journal of Geophysical Research, 118(2): 643-654.

Miralles D G, Gentine P, Seneviratne S I, et al. 2019. Land-atmospheric feedbacks during droughts and heatwaves: state of the science and current challenges. Annals of the New York Academy of Sciences, 1436 (1): 19-35.

Mishra V, Thirumalai K, Singh D, et al. 2020. Future exacerbation of hot and dry summer monsoon extremes in India. NPJ Climate and Atmospheric Science, 3(1): 10.

Mishra V, Aadhar S, Mahto S S. 2021. Anthropogenic warming and intraseasonal summer monsoon variability amplify the risk of future flash droughts in India. NPJ Climate and Atmospheric Science, 4(1): 1.

Monteleone B, Borzíl, Bonaccorso B, et al. 2022. Developing stage-specific drought vulnerability curves for maize: the case study of the Po River Basin. Agricultural Water Management, 269: 107713.

Morán-Tejeda E, Herrera S, López-Moreno J I, et al. 2013. Evolution and frequency (1970−2007) of combined temperature-precipitation modes in the Spanish mountains and sensitivity of snow cover. Regional Environmental Change, 13(4): 873-885.

Mueller B, Seneviratne S I. 2012. Hot days induced by precipitation deficits at the global scale. Proceedings of the National Academy of Sciences, 109(31): 12398-12403.

Mukherjee S, Mishra A K. 2021. Increase in compound drought and heatwaves in a warming world. Geophysical Research Letters, 48(1): e2020GL090617.

Mukherjee S, Ashfaq M, Mishra A K. 2020. Compound drought and heatwaves at a global scale: the role of natural climate variability-associated synoptic patterns and land-surface energy budget anomalies. Journal of Geophysical Research, 125(11): e2019JD031943.

Mukherjee S, Mishra A K, Ashfaq M, et al. 2022. Relative effect of anthropogenic warming and natural climate variability to changes in compound drought and heatwaves. Journal of Hydrology, 605: 127396.

Naumann G, Barbosa P, Garrote L, et al. 2014. Exploring drought vulnerability in Africa: an indicator based analysis to be used in early warning systems. Hydrology and Earth System Sciences, 18(5): 1591-1604.

Naumann G, Alfieri L, Wyser K, et al. 2018. Global changes in drought conditions under different levels of warming. Geophysical Research Letters, 45(7): 3285-3296.

Navarro-Racines C, Tarapues J, Thornton P, et al. 2020. High-resolution and bias-corrected CMIP5 projections for climate change impact assessments. Scientific Data, 7(1): 7.

Nelsen R B. 2006. An Introduction to Copulas. New York: Springer.

O'Neill B C, Tebaldi C, van Vuuren D P, et al. 2016. The Scenario Model Intercomparison Project (ScenarioMIP) for CMIP6. Geoscientific Model Development, 9(9): 3461-3482.

Otto F E L, Massey N, Oldenborgh G J, et al. 2012. Reconciling two approaches to attribution of the 2010 Russian heat wave. Geophysical Research Letters, 39(4): L04702.

Ouyang R, Liu W, Fu G, et al. 2014. Linkages between ENSO/PDO signals and precipitation, streamflow in China during the last 100 years. Hydrology and Earth System Sciences, 18(9): 3651-3661.

Palmer W. 1965. Meteorological drought. Washington, D. C: U. S. Weather Bureau.

Pan R, Li W, Wang Q, et al. 2023. Detectable anthropogenic intensification of the summer compound hot and dry events over global land areas. Earth's Future, 11(6): e2022EF003254.

Panda D K, AghaKouchak A, Ambast S K. 2017. Increasing heat waves and warm spells in India, observed from a multiaspect framework. Journal of Geophysical Research, 122(7): 3837-3858.

Parry S, Wilby R L, Prudhomme C, et al. 2016. A systematic assessment of drought termination in the United Kingdom. Hydrology and Earth System Sciences,20(10):4265-4281.

Pastén-Zapata E, Jones J M, Moggridge H, et al. 2020. Evaluation of the performance of Euro-CORDEX regional climate models for assessing hydrological climate change impacts in Great Britain: a comparison of different spatial resolutions and quantile mapping bias correction methods. Journal of Hydrology, 584: 124653.

Peng C-Y J, Lee K L, Ingersoll G M. 2002. An introduction to logistic regression analysis and reporting. The Journal of Educational Research, 96(1): 3-14.

Peng T, Zhao L, Zhang L, et al. 2023. Changes in temperature-precipitation compound extreme events in China during the past 119 years. Earth and Space Science, 10(8): e2022EA002777.

Perkins S E. 2015. A review on the scientific understanding of heatwaves—their measurement, driving mechanisms, and changes at the global scale. Atmospheric Research, 164-165: 242-267.

Perkins S, Alexander L. 2012. On the measurement of heatwaves. Journal of Climate, 26(13): 4500-4517.

Perkins S E, Alexander L V, Nairn J R. 2012. Increasing frequency, intensity and duration of observed global heatwaves and warm spells. Geophysical Research Letters, 39(20): L20714.

Piani C, Haerter J. 2012. Two dimensional bias correction of temperature and precipitation copulas in climate models. Geophysical Research Letters, 39(20): L20401.

Prabnakorn S, Maskey S, Suryadi F X, et al. 2019. Assessment of drought hazard, exposure, vulnerability, and risk for rice cultivation in the Mun River Basin in Thailand. Natural Hazards, 97(2): 891-911.

Qi L, Wang Y. 2012. Changes in the observed trends in extreme temperatures over China around 1990. Journal of Climate, 25(15): 5208-5222.

Qian C, Zhou T. 2014. Multidecadal variability of North China aridity and its relationship to PDO during 1900–2010. Journal of Climate, 27(3): 1210-1222.

Qian C, Yu J Y, Chen G. 2014. Decadal summer drought frequency in China: the increasing influence of the Atlantic multi-decadal oscillation. Environmental Research Letters, 9(12): 124004.

Qian C, Ye Y, Chen Y, et al. 2022. An updated review of event attribution approaches. Journal of Meteorological Research, 36(2): 227-238.

Qian Z H, Sun Y X, Ma Q R, et al. 2023. Understanding changes in heat waves, droughts, and compound events in Yangtze River Valley and the corresponding atmospheric circulation patterns. Climate Dynamics,62:539-553.

Quesada B, Vautard R, Yiou P, et al. 2012. Asymmetric European summer heat predictability from wet and dry southern winters and springs. Nature Climate Change, 2(10): 736-741.

Ramankutty N, Evan A T, Monfreda C, et al. 2008. Farming the planet: 1. geographic distribution of global agricultural lands in the year 2000. Global Biogeochemical Cycles, 22(1): GB1003.

Reddy P J, Perkins-Kirkpatrick S E, Ridder N N, et al. 2022. Combined role of ENSO and IOD on compound drought and heatwaves in Australia using two CMIP6 large ensembles. Weather and Climate Extremes, 37: 100469.

Ridder N N, Pitman A J, Westra S, et al. 2020. Global hotspots for the occurrence of compound events. Nature Communications, 11(1): 5956.

Ridder N N, Pitman A J, Ukkola A M. 2021. Do CMIP6 climate models simulate global or regional compound events skillfully? Geophysical Research Letters, 48(2): e2020GL091152.

Rodrigo F. 2019. Coherent variability between seasonal temperatures and rainfalls in the Iberian Peninsula, 1951－2016. Theoretical and Applied Climatology, 135(1): 473-490.

Rodrigo F S. 2015. On the covariability of seasonal temperature and precipitation in Spain, 1956－2005. International Journal of Climatology, 35(11): 3362-3370.

Rogelj J, Den Elzen M, Höhne N, et al. 2016. Paris Agreement climate proposals need a boost to keep warming well below 2℃. Nature, 534(7609): 631-639.

Röthlisberger M, Martius O. 2019. Quantifying the local effect of northern hemisphere atmospheric blocks on the persistence of summer hot and dry spells. Geophysical Research Letters, 46(16): 10101-10111.

Russo A, Gouveia C M, Dutra E, et al. 2019. The synergy between drought and extremely hot summers in the Mediterranean. Environmental Research Letters, 14(1): 014011.

Russo S, Dosio A, Graversen R G, et al. 2014. Magnitude of extreme heat waves in present climate and their projection in a warming world. Journal of Geophysical Research, 119(22): 12500-12512.

Sarhadi A, Ausín M C, Wiper M P, et al. 2018. Multidimensional risk in a nonstationary climate: joint probability of increasingly severe warm and dry conditions. Science Advances, 4(11): eaau3487.

Schubert S D, Wang H, Koster R D, et al. 2014. Northern Eurasian heat waves and droughts. Journal of Climate, 27(9): 3169-3207.

Schwarzwald K, Lenssen N. 2022. The importance of internal climate variability in climate impact projections. Proceedings of the National Academy of Sciences, 119(42): e2208095119.

Seager R, Hoerling M. 2014. Atmosphere and ocean origins of North American droughts. Journal of Climate, 27(12): 4581-4606.

Seneviratne S I, Hauser M. 2020. Regional climate sensitivity of climate extremes in CMIP6 versus CMIP5 multimodel ensembles. Earth's Future, 8(9): e2019EF001474.

Seneviratne S I, Nicholls N, Easterling D, et al. 2012. Changes in climate extremes and their impacts on the natural physical environment//Field C B, Barros V, Stocker T F, et al. Managing the Risks of Extreme Events and Disasters to Advance Climate Change Adaptation. A Special Report of Working Groups I and II of the Intergovernmental Panel on Climate Change (IPCC). Cambridge: Cambridge University Press.

Seneviratne S I, Zhang X, Adnan M, et al. 2021. Weather and climate extreme events in a changing climate//Masson-Delmotte V, Zhai P, Pirani A, et al. Climate Change 2021: the Physical Science Basis. Contribution of Working Group I to the Sixth Assessment Report of the Intergovernmental Panel on Climate Change. Cambridge: Cambridge University Press.

Seo Y W, Ha K J, Park T W. 2021. Feedback attribution to dry heatwaves over East Asia. Environmental Research Letters, 16(6): 064003.

Sharma S, Mujumdar P. 2017. Increasing frequency and spatial extent of concurrent meteorological droughts and heatwaves in India. Scientific Reports, 7(1): 15582.

Sharma T, Vittal H, Karmakar S, et al. 2020. Increasing agricultural risk to hydro-climatic extremes in India. Environmental Research Letters, 15(3): 034010.

Shi C, Jiang Z H, Chen W L, et al. 2018. Changes in temperature extremes over China under 1.5℃ and 2℃ global warming targets. Advances in Climate Change Research, 9(2): 120-129.

Shi X, Chen J, Gu L, et al. 2021a. Impacts and socioeconomic exposures of global extreme precipitation events in 1.5℃ and 2.0℃ warmer climates. Science of the Total Environment: 766.

Shi Z, Jia G, Zhou Y, et al. 2021b. Amplified intensity and duration of heatwaves by concurrent droughts in China. Atmospheric Research, 261: 105743.

Si D, Ding Y. 2016. Oceanic forcings of the interdecadal variability in East Asian summer rainfall. Journal of Climate, 29(21): 7633-7649.

Singh H, Pirani F J, Najafi M R. 2020. Characterizing the temperature and precipitation covariability over Canada. Theoretical and Applied Climatology, 139(3): 1543-1558.

Song Z, Xia J, She D, et al. 2021. Assessment of meteorological drought change in the 21st century based on CMIP6 multi-model ensemble projections over Mainland China. Journal of Hydrology, 601: 126643.

Spinoni J, Barbosa P, Bucchignani E, et al. 2020. Future global meteorological drought hot spots: a study based on CORDEX data. Journal of Climate, 33(9): 3635-3661.

Stocker T F, Qin D, Plattner G-K, et al. 2013. Climate change 2013: the physical science basis. Contribution of Working Group I to the Fifth Assessment Report of the Intergovernmental Panel on Climate Change, 1535.

Stott P A, Stone D A, Allen M R. 2004. Human contribution to the European heatwave of 2003. Nature, 432(7017): 610-614.

Su B, Huang J, Fischer T, et al. 2018. Drought losses in China might double between the 1.5℃ and 2.0℃ warming. Proceedings of the National Academy of Sciences, 115(42): 10600-10605.

Sun C, Kucharski F, Li J, et al. 2017. Western tropical Pacific multidecadal variability forced by the Atlantic multidecadal oscillation. Nature Communications, 8(1): 1-10.

Sun C, Li J, Kucharski F, et al. 2019. Recent acceleration of Arabian Sea warming induced by the Atlantic-western Pacific trans-basin multidecadal variability. Geophysical Research Letters, 46(3): 1662-1671.

Sun J, Wang H. 2012. Changes of the connection between the summer North Atlantic oscillation and the East Asian summer rainfall. Journal of Geophysical Research, 117(D8): D08110.

Sun J, Wang H, Yuan W. 2008. Decadal variations of the relationship between the summer North Atlantic oscillation and middle East Asian air temperature. Journal of Geophysical Research, 113(D15): D15107.

Sun J Q. 2012. Possible impact of the summer North Atlantic oscillation on extreme hot events in China. Atmospheric and Oceanic Science Letters, 5(3): 231-234.

Sun L, Shen B, Sui B, et al. 2017. The influences of East Asian monsoon on summer precipitation in Northeast China. Climate Dynamics, 48(5): 1647-1659.

Sun Q H, Miao C Y, AghaKouchak A, et al. 2017. Unraveling anthropogenic influence on the changing risk of heat waves in China. Geophysical Research Letters, 44(10): 5078-5085.

Sun Q H, Miao C Y, Hanel M, et al. 2019. Global heat stress on health, wildfires, and agricultural crops under different levels of climate warming. Environment International, 128: 125-136.

Sun Y, Hu T, Zhang X. 2018. Substantial increase in heat wave risks in China in a future warmer world. Earth's Future, 6(11): 1528-1538.

Sun Y, Zhang X, Ding Y, et al. 2022. Understanding human influence on climate change in China. National

Science Review, 9(3): nwab113.

Tavakol A, Rahmani V, Harrington Jr J. 2020. Probability of compound climate extremes in a changing climate: a copula-based study of hot, dry, and windy events in the central United States. Environmental Research Letters, 15(10): 104058.

Taylor K E, Stouffer R J, Meehl G A. 2012. An overview of CMIP5 and the experiment design. Bulletin of the American Meteorological Society, 93(4): 485-498.

Tebaldi C, Knutti R. 2007. The use of the multi-model ensemble in probabilistic climate projections. Philosophical Transactions of the Royal Society A: Mathematical, Physical and Engineering Sciences, 365(1857): 2053-2075.

Teixeira E I, Fischer G, van Velthuizen H, et al. 2013. Global hot-spots of heat stress on agricultural crops due to climate change. Agricultural and Forest Meteorology, 170: 206-215.

Teutschbein C, Seibert J. 2012. Bias correction of regional climate model simulations for hydrological climate-change impact studies: review and evaluation of different methods. Journal of Hydrology, 456: 12-29.

Thornthwaite C W. 1948. An approach toward a rational classification of climate. Geographical Review, 38(1): 55-94.

Tian D, Guo Y, Dong W. 2015. Future changes and uncertainties in temperature and precipitation over China based on CMIP5 models. Earth and Space Science, 32(4): 487-496.

Trenberth K E, Shea D J. 2005. Relationships between precipitation and surface temperature. Geophysical Research Letters, 32(14): L14703.

van der Schrier G, Barichivich J, Briffa K, et al. 2013. A scPDSI-based global data set of dry and wet spells for 1901-2009. Journal of Geophysical Research, 118(10): 4025-4048.

Vicente-Serrano S M, Beguería S, López-Moreno J I. 2010. A multiscalar drought index sensitive to global warming: the standardized precipitation evapotranspiration index. Journal of Climate, 23(7): 1696-1718.

Vicente-Serrano S M, van der Schrier G, Beguería S, et al. 2015. Contribution of precipitation and reference evapotranspiration to drought indices under different climates. Journal of Hydrology, 526: 42-54.

Villani L, Castelli G, Piemontese L, et al. 2022. Drought risk assessment in Mediterranean agricultural watersheds: a case study in Central Italy. Agricultural Water Management, 271: 107748.

Vogel J, Paton E, Aich V, et al. 2021. Increasing compound warm spells and droughts in the Mediterranean Basin. Weather and Climate Extremes, 32: 100312.

Vogel M M, Zscheischler J, Seneviratne S I. 2018. Varying soil moisture-atmosphere feedbacks explain divergent temperature extremes and precipitation projections in central Europe. Earth System Dynamics, 9(3): 1107-1125.

Vogel M M, Zscheischler J, Wartenburger R, et al. 2019. Concurrent 2018 hot extremes across northern Hemisphere due to human-induced climate change. Earth's Future, 7(7): 692-703.

Vogel M M, Hauser M, Seneviratne S I. 2020. Projected changes in hot, dry and wet extreme events' clusters in CMIP6 multi-model ensemble. Environmental Research Letters, 15(9): 094021.

Vrac M. 2018. Multivariate bias adjustment of high-dimensional climate simulations: the rank resampling for distributions and dependences (R2D2) bias correction. Hydrology and Earth System Sciences, 22(6): 3175-3196.

Vrac M, Friederichs P. 2015. Multivariate-intervariable, spatial, and temporal-bias correction. Journal of Climate, 28(1): 218-237.

Walker W E, Harremoës P, Rotmans J, et al. 2003. Defining uncertainty: a conceptual basis for uncertainty management in model-based decision support. Integrated Assessment, 4(1): 5-17.

Wang J, Yan Z. 2021. Rapid rises in the magnitude and risk of extreme regional heat wave events in China. Weather and Climate Extremes, 34: 100379.

Wang J, Yang B, Ljungqvist F C, et al. 2013. The relationship between the Atlantic multidecadal oscillation and temperature variability in China during the last millennium. Journal of Quaternary Science, 28(7): 653-658.

Wang J, Li M, Liu Y, et al. 2023. Large-scale climatic drivers for warm-season compound drought and heatwave frequency over North China. Atmospheric Research, 288: 106727.

Wang L, Chen W. 2014. A CMIP5 multimodel projection of future temperature, precipitation, and climatological drought in China. International Journal of Climatology, 34(6): 2059-2078.

Wang L, Yuan X, Xie Z, et al. 2016. Increasing flash droughts over China during the recent global warming hiatus. Scientific Reports, 6: 30571.

Wang L, Liao S, Huang S, et al. 2018. Increasing concurrent drought and heat during the summer maize season in Huang-Huai-Hai Plain, China. International Journal of Climatology, 38(7): 3177-3190.

Wang R, Lü G, Ning L, et al. 2021a. Likelihood of compound dry and hot extremes increased with stronger dependence during warm seasons. Atmospheric Research, 260: 105692.

Wang R, Rejesus R M, Aglasan S. 2021b. Warming temperatures, yield risk and crop insurance participation. European Review of Agricultural Economics, 48(5): 1109-1131.

Wang S, Mo X, Hu S, et al. 2018. Assessment of droughts and wheat yield loss on the North China Plain with an aggregate drought index (ADI) approach. Ecological Indicators, 87: 107-116.

Wang W, Zhu Y, Xu R, et al. 2015. Drought severity change in China during 1961−2012 indicated by SPI and SPEI. Natural Hazards, 75(3): 2437-2451.

Wang Y, Li S, Luo D. 2009. Seasonal response of Asian monsoonal climate to the Atlantic Multidecadal Oscillation. Journal of Geophysical Research, 114(D2): D02112.

Wang Z, Yang S, Lau N C, et al. 2018. Teleconnection between summer NAO and East China rainfall variations: a bridge effect of the Tibetan Plateau. Journal of Climate, 31(16): 6433-6444.

Watanabe T, Yamazaki K. 2014. Decadal-scale variation of South Asian summer monsoon onset and its relationship with the Pacific decadal oscillation. Journal of Climate, 27(13): 5163-5173.

Wei J, Wang W, Shao Q, et al. 2020. Heat wave variations across China tied to global SST modes. Journal of Geophysical Research, 125(6): e2019JD031612.

Weiland R S, van der Wiel K, Selten F, et al. 2021. Intransitive atmosphere dynamics leading to persistent hot-dry or cold-wet European summers. Journal of Climate, 34(15): 6303-6317.

Wells N, Goddard S, Hayes M J. 2004. A self-calibrating Palmer drought severity index. Journal of Climate, 17(12): 2335-2351.

Wen N, Liu Z, Liu Y. 2015. Direct impact of El Niño on East Asian summer precipitation in the observation. Climate Dynamics, 44(11): 2979-2987.

Wen N, Liu Z, Li L. 2019. Direct ENSO impact on East Asian summer precipitation in the developing summer. Climate Dynamics, 52(11): 6799-6815.

Wen Z, Yu R, Zhai P, et al. 2023. The evolution process of a prolonged compound drought and hot extreme event in Southwest China during the 2019 pre-monsoon season. Atmospheric Research, 283: 106551.

Weng H, Wu G, Liu Y, et al. 2011. Anomalous summer climate in China influenced by the tropical Indo-Pacific Oceans. Climate Dynamics, 36(3): 769-782.

Whan K, Zscheischler J, Jordan A I, et al. 2021. Novel multivariate quantile mapping methods for ensemble post-processing of medium-range forecasts. Weather and Climate Extremes, 32: 100310.

Wilhite D A. 2000. Drought as a natural hazard: concepts and definitions// Wilhite D A. Drought: A Global Assessment. New York: Routledge.

Woldemeskel F M, Sharma A, Sivakumar B, et al. 2016. Quantification of precipitation and temperature uncertainties simulated by CMIP3 and CMIP5 models. Journal of Geophysical Research, 121(1): 3-17.

Wright C K, De Beurs K M, Henebry G M. 2014. Land surface anomalies preceding the 2010 Russian heat wave and a link to the North Atlantic oscillation. Environmental Research Letters, 9(12): 124015.

Wu J, Gao X J. 2013. A gridded daily observation dataset over China region and comparison with the other datasets. Chinese Journal of Geophysics, 56(4): 1102-1111.

Wu J, Gao X J, Giorgi F, et al. 2017. Changes of effective temperature and cold/hot days in late decades over China based on a high resolution gridded observation dataset. International Journal of Climatology, 37: 788-800.

Wu J, Han Z Y, Xu Y, et al. 2020. Changes in extreme climate events in China under 1.5℃ – 4℃ global warming targets: projections using an ensemble of regional climate model simulations. Journal of Geophysical Research, 125(2): e2019JD031057.

Wu L Y. 2014. Changes in the covariability of surface air temperature and precipitation over east Asia associated with climate shift in the late 1970s. Atmospheric and Oceanic Science Letters, 7(2): 92-97.

Wu R, Yang S, Liu S, et al. 2010. Changes in the relationship between Northeast China summer temperature and ENSO. Journal of Geophysical Research, 115(D21): D21107.

Wu X Y, Hao Z C, Hao F H, et al. 2019a. Dry-hot magnitude index: a joint indicator for compound event analysis. Environmental Research Letters, 14(6): 064017.

Wu X Y, Hao Z C, Hao F H, et al. 2019b. Variations of compound precipitation and temperature extremes in China during 1961–2014. Science of The Total Environment, 663: 731-737.

Wu X Y, Hao Z C, Zhang X, et al. 2020. Evaluation of severity changes of compound dry and hot events in China based on a multivariate multi-index approach. Journal of Hydrology, 583: 124580.

Wu X Y, Hao Z C, Hao F H, et al. 2021a. Influence of large-scale circulation patterns on compound dry and hot events in China. Journal of Geophysical Research, 126(4): e2020JD033918.

Wu X Y, Hao Z C, Tang Q H, et al. 2021b. Projected increase in compound dry and hot events over global land areas. International Journal of Climatology, 41(1): 393-403.

Wu X Y, Hao Z C, Tang Q H, et al. 2021c. Population exposure to compound dry and hot events in China under 1.5℃ and 2℃ global warming. International Journal of Climatology, 41(12): 5766-5775.

Wu X Y, Hao Z C, Zhang Y, et al. 2022. Anthropogenic influence on compound dry and hot events in China based on coupled model intercomparison project phase 6 models. International Journal of Climatology, 42(8): 4379-4390.

Wu Y, Miao C, Fan X, et al. 2022. Quantifying the uncertainty sources of future climate projections and narrowing uncertainties with bias correction techniques. Earth's Future, 10(11): e2022EF002963.

Xie W, Zhou B, You Q, et al. 2020. Observed changes in heat waves with different severities in China during 1961–2015. Theoretical and Applied Climatology, 141: 1529-1540.

Xin X, Wu T, Zhang J, et al. 2020. Comparison of CMIP6 and CMIP5 simulations of precipitation in China and the East Asian summer monsoon. International Journal of Climatology, 40(15): 6423-6440.

Xu L, Wang A, Yu W, et al. 2021. Hot spots of extreme precipitation change under 1.5℃ and 2℃ global warming scenarios. Weather and Climate Extremes, 33: 100357.

Xu Z, Han Y, Yang Z. 2019. Dynamical downscaling of regional climate: a review of methods and limitations. Science China Earth Sciences, 62: 365-375.

Yan H, Wang S Q, Wang J B, et al. 2016. Assessing spatiotemporal variation of drought in China and its impact on agriculture during 1982 – 2011 by using PDSI indices and agriculture drought survey data. Journal of Geophysical Research, 121(5): 2283-2298.

Yang J, Zhou M, Ren Z, et al. 2021. Projecting heat-related excess mortality under climate change scenarios in China. Nature Communications, 12(1): 1039.

Yang X L, Wood E F, Sheffield J, et al. 2018. Bias correction of historical and future simulations of precipitation and temperature for China from CMIP5 models. Journal of Hydrometeorology, 19(3): 609-623.

Yang X L, Zhou B T, Xu Y, et al. 2021. CMIP6 evaluation and projection of temperature and precipitation over China. Earth and Space Science, 38(5): 817-830.

Ye L, Shi K, Xin Z, et al. 2019. Compound droughts and heat waves in China. Sustainability, 11:3270.

Yin H, Sun Y, Wan H, et al. 2017. Detection of anthropogenic influence on the intensity of extreme temperatures in China. International Journal of Climatology, 37(3): 1229-1237.

You Q, Jiang Z, Kong L, et al. 2017. A comparison of heat wave climatologies and trends in China based on multiple definitions. Climate Dynamics, 48: 3975-3989.

You Q, Cai Z, Wu F, et al. 2021. Temperature dataset of CMIP6 models over China: evaluation, trend and uncertainty. Climate Dynamics, 57(1): 17-35.

Yu L, Furevik T, Otterå O H, et al. 2015. Modulation of the Pacific decadal oscillation on the summer precipitation over East China: a comparison of observations to 600-years control run of Bergen climate model. Climate Dynamics, 44(1): 475-494.

Yu R, Zhai P. 2020a. Changes in compound drought and hot extreme events in summer over populated eastern China. Weather and Climate Extremes, 30: 100295.

Yu R, Zhai P. 2020b. More frequent and widespread persistent compound drought and heat event observed in China. Scientific Reports, 10(1): 14576.

Yuan Q, Wang G, Zhu C, et al. 2020. Coupling of soil moisture and air temperature from multiyear data during 1980–2013 over China. Atmosphere, 11(1): 25.

Zampieri M, D'andrea F, Vautard R, et al. 2009. Hot European summers and the role of soil moisture in the propagation of Mediterranean drought. Journal of Climate, 22(18): 4747-4758.

Zhai P, Zhou B, Chen Y. 2018. A review of climate change attribution studies. Journal of Meteorological Research, 32(5): 671-692.

Zhang G, Zeng G, Li C, et al. 2020. Impact of PDO and AMO on interdecadal variability in extreme high temperatures in North China over the most recent 40-year period. Climate Dynamics, 54(5): 3003-3020.

Zhang W, Luo M, Gao S, et al. 2021. Compound hydrometeorological extremes: drivers, mechanisms and methods. Frontiers of Earth Science, 9: 673495.

Zhang Y, Hao Z, Feng S, et al. 2022a. Changes and driving factors of compound agricultural droughts and hot events in eastern China. Agricultural Water Management, 263: 107485.

Zhang Y, Hao Z, Feng S, et al. 2022b. Comparisons of changes in compound dry and hot events in China based on different drought indicators. International Journal of Climatology, 42(16): 8133-8145.

Zhang Y, Hao Z, Zhang X, et al. 2022c. Anthropogenically forced increases in compound dry and hot events at the global and continental scales. Environmental Research Letters, 17(2): 024018.

Zhang Y, Hao Z, Zhang Y. 2023. Agricultural risk assessment of compound dry and hot events in China. Agricultural Water Management, 277: 108128.

Zhao J, Zhang Q, Zhu X, et al. 2020. Drought risk assessment in China: evaluation framework and influencing factors. Geography and Sustainability, 1(3): 220-228.

Zhao W, Khalil M. 1993. The relationship between precipitation and temperature over the contiguous United States. Journal of Climate, 6: 1232-1240.

Zheng F, Li J, Li Y, et al. 2016. Influence of the summer NAO on the spring-NAO-based predictability of the East Asian summer monsoon. Journal of Applied Meteorology and Climatology, 55(7): 1459-1476.

Zhou P, Liu Z. 2018. Likelihood of concurrent climate extremes and variations over China. Environmental Research Letters, 13(9): 094023.

Zhou S, Huang G, Huang P. 2018. Changes in the East Asian summer monsoon rainfall under global warming: moisture budget decompositions and the sources of uncertainty. Climate Dynamics, 51(4): 1363-1373.

Zhu H H, Jiang Z H, Li J, et al. 2020. Does CMIP6 inspire more confidence in simulating climate extremes over China? Earth and Space Science, 37(10): 1119-1132.

Zhu H H, Jiang Z H, Li L. 2021. Projection of climate extremes in China, an incremental exercise from CMIP5 to CMIP6. Science Bulletin, 66(24): 2528-2537.

Zhu X F, Hou C Y, Xu K, et al. 2020. Establishment of agricultural drought loss models: a comparison of statistical methods. Ecological Indicators, 112: 106084.

Zhu X F, Xu K, Liu Y, et al. 2021. Assessing the vulnerability and risk of maize to drought in China based on the AquaCrop model. Agricultural Systems, 189: 103040.

Zscheischler J, Fischer E M. 2020. The record-breaking compound hot and dry 2018 growing season in Germany. Weather and Climate Extremes, 29: 100270.

Zscheischler J, Lehner F. 2022. Attributing compound events to anthropogenic climate change. Bulletin of the American Meteorological Society, 103(3): E936-E953.

Zscheischler J, Seneviratne S I. 2017. Dependence of drivers affects risks associated with compound events. Science Advances, 3(6): e1700263.

Zscheischler J, Westra S, van den Hurk B, et al. 2018. Future climate risk from compound events. Nature Climate Change, 8(6): 469-477.

Zscheischler J, Fischer E M, Lange S. 2019. The effect of univariate bias adjustment on multivariate hazard estimates. Earth System Dynamics, 10(1): 31-43.

Zscheischler J, Martius O, Westra S, et al. 2020. A typology of compound weather and climate events. Nature Reviews Earth & Environment, 1: 333-347.